HINAL SHAH
JAYDEEP CHAKRAVORTY

IMPLEMENTAÇÃO DE UM NOVO ESQUEMA DE PROTECÇÃO PARA A REDE INTERLIGADA

HINAL SHAH
JAYDEEP CHAKRAVORTY

IMPLEMENTAÇÃO DE UM NOVO ESQUEMA DE PROTECÇÃO PARA A REDE INTERLIGADA

COM FONTES DE ENERGIA RENOVÁVEIS

ScienciaScripts

Cover image: www.ingimage.com

This book is a translation from the original published under ISBN 978-620-8-17143-8.

Publisher:
Sciencia Scripts
is a trademark of
Dodo Books Indian Ocean Ltd. and OmniScriptum S.R.L publishing group

120 High Road, East Finchley, London, N2 9ED, United Kingdom
Str. Armeneasca 28/1, office 1, Chisinau MD-2012, Republic of Moldova, Europe
Printed at: see last page
ISBN: 978-620-8-25479-7

PREFÁCIO

Perante a escalada das alterações climáticas e a necessidade urgente de soluções energéticas sustentáveis, a integração de fontes de energia renováveis nas redes eléctricas existentes surgiu como um desafio crítico e uma oportunidade de transformação. Este livro pretende explorar a intrincada relação entre a integração das energias renováveis e a proteção da rede, abordando os desafios e as soluções inovadoras que moldam o futuro dos sistemas energéticos.

À medida que transitamos das fontes de energia tradicionais baseadas em combustíveis fósseis para fontes de energia renováveis, como a solar, a eólica e a hídrica, a dinâmica da produção e distribuição de eletricidade está a sofrer profundas alterações. Embora estas alterações aumentem a resiliência e a sustentabilidade dos nossos sistemas energéticos, também introduzem complexidades nos mecanismos de proteção da rede. A variabilidade e a ictabilidade das energias renováveis podem afetar a fiabilidade e a segurança da rede, exigindo uma reavaliação das estratégias de proteção convencionais.

Este volume analisa os aspectos técnicos, regulamentares e operacionais da integração de fontes renováveis na rede. Examinamos as vulnerabilidades que surgem, como o aumento das correntes de falha, os desafios de comunicação e a necessidade de esquemas avançados de relés de proteção. Além disso, também destacamos soluções pioneiras, incluindo tecnologias de rede inteligente, sistemas de armazenamento de energia e ferramentas de monitorização em tempo real concebidas para aumentar a resiliência da rede.

Através das contribuições dos principais especialistas na área, este livro fornece uma visão abrangente da investigação atual, estudos de casos e melhores práticas. Esperamos que esta compilação não só sirva como um recurso valioso para engenheiros, decisores políticos e académicos, como também promova mais diálogo e inovação nesta área crucial.

À medida que embarcamos na viagem em direção a um futuro energético sustentável, é imperativo que nos equipemos com os conhecimentos e ferramentas necessários para navegar nas complexidades da integração das energias renováveis e da proteção da rede. Juntos, podemos construir um sistema de energia robusto, resiliente e sustentável que satisfaça as necessidades actuais e abra caminho para as gerações futuras.

RESUMO

O crescimento social e industrial que resultou na enorme necessidade de energia do mundo atual conduz, em última análise, a um maior consumo de energia per capita. É necessário dispor de uma grande central eléctrica e de um sistema de transmissão e distribuição fiável. Na era da rede eléctrica inteligente, os corredores de transporte de energia têm de ser protegidos contra falhas involuntárias do sistema. Isto é assegurado por um esquema de retransmissão abrangente e inovador.

A utilização da energia eólica e solar está a expandir-se rapidamente em todo o mundo como uma solução para a crise energética global e para os problemas ambientais que lhe estão associados. As projecções maciças de aplicações de energias renováveis em todo o mundo necessitam de um sistema que possa gerar e transmitir energia eléctrica de forma fiável e económica a partir de recursos energéticos renováveis. O sistema de transmissão é uma das partes mais importantes do sistema de energia, pelo que deve ser fiável contra falhas e perturbações indesejadas. O sistema de proteção deve identificar e isolar prontamente a região defeituosa do resto do sistema elétrico, a fim de evitar apagões

A utilização de técnicas de inteligência artificial na proteção das linhas de transmissão e distribuição é o principal objetivo da investigação. Diferentes relés de proteção, como os electromecânicos, electrónicos, digitais, numéricos e os modernos relés inteligentes, etc., são utilizados no domínio dos sistemas de proteção das linhas de transporte e distribuição e da proteção dos sistemas de energia em geral. As fontes de energia renováveis integradas na rede são intermitentes por natureza, o que pode causar problemas de proteção, tais como falsos disparos, cegueira da proteção, ilhamento descontrolado, religação dessincronizada, sobrealcance e subalcance no sistema de transmissão e distribuição. Vários parâmetros são afectados pelo esquema de proteção do relé. As técnicas de reconhecimento de padrões tornarão possível detetar, prever, classificar e tomar decisões sobre todas as tarefas cruciais envolvidas na implementação de planos de proteção e na criação de um sistema de transmissão e distribuição mais inteligente.

Este trabalho de investigação investigou o impacto dos sistemas de energia renovável solar e eólica na proteção do sistema de energia. O PSCAD/EMTDC é utilizado para criar e simular uma rede de distribuição de baixa tensão e uma rede eléctrica de média tensão IEEE 9 BUS com e sem fontes de energia renováveis, como a energia eólica e a energia fotovoltaica. A energia solar tem um enorme potencial para contribuir para a produção de energia. Devido à natureza intermitente dos níveis de falha, os mecanismos de proteção predefinidos podem não funcionar corretamente. Por conseguinte, para um controlo e um funcionamento fiáveis de sistemas integrados de energias renováveis, a conceção e a seleção de um plano de proteção adequado são muito cruciais. Neste trabalho de investigação, são implementados diferentes métodos de aprendizagem automática e de aprendizagem profunda para a deteção e classificação de falhas. As técnicas de aprendizagem automática SVM, Random Forest e Naive Bayes são implementadas e comparadas em diferentes conjuntos de dados dentro e fora da zona, que são preparados utilizando o software PSCAD/ EMTDC. Os conjuntos de dados incluem a variação dos tipos de defeito, a localização dos defeitos, as resistências de defeito, o ângulo de início do defeito, o ângulo de carga, a integração solar e eólica na rede e a variação dos parâmetros do sistema fotovoltaico. As tensões de saída e de receção são captadas através de canais de saída com uma frequência de amostragem de 4 kHz para todas as variações da simulação. Preparámos o conjunto de dados utilizando o software MATLAB. Também são implementadas técnicas de aprendizagem profunda ANN e CNN em conjuntos de dados. Comparar todas as técnicas de classificação e deteção de avarias e concluir também que as redes neuronais de convolução funcionam comparativamente mais depressa (menos tempo de formação necessário) e são precisas na deteção e classificação de avarias em diferentes conjuntos de dados.

Conteúdo

LISTA DE ABREVIATURAS

Abbreviation	Description
AI	Artificial intelligence
ANN	Artificial Neural Network
CLPV	Close Loop Photovoltaic
CM	Confusion Matrix
CNN	Convolutional Neural Network
DER	Distributed Energy Resources
DG	Distributed Generation
DL	Deep Learning
DNN	Deep Neural Network
DSP	Digital Signal Processing
DWT	Discrete wavelet transform
EF	External Fault
EHV	Extra high voltage
FC	Fault classification
FFT	Fast Fourier transform
FIA	Fault inception angle
FID	Fault Identification
FRT	Fault ride through
HIF	High impedance fault detector
IED	Intelligent Electronic Devices
IF	Internal Fault
MFCDFT	Modified full cycle discrete Fourier transform
ML	Machine Learning
MNRE	Ministry of New and Renewable Energy
MPPT	Maximum power point tracking
NB	Naive Bayes
NN	Neural Network
OLPV	Open Loop Photovoltaic
PCC	point of common coupling
PFA	Power flow angle
PI	Proportional integral
PLL	Phase locked loop
PMU	Phasor measurement unit
PNN	Probabilistic neural network
RBF	Radial bias function
RES	Renewable Energy Sources
RF	Random Forest
RVM	Relevance vector machine
SCADA	Supervisory control and data acquisition
SLD	Single Line Diagram
SPWM	Sinusoidal pulse width modulation
STC	Standard test condition
SVM	Support Vector Machine
TL	Transmission Line
VSC	Voltage source converter
WES	Wind Energy System
WTG	Wind turbine generator

CAPÍTULO-1

INTRODUÇÃO: DESAFIOS DA PROTECÇÃO NOS SISTEMAS INTEGRADOS DE ENERGIA RENOVÁVEIS

1.1 INTRODUÇÃO

O desenvolvimento recente e o avanço das tecnologias em vários sectores não são possíveis sem eletricidade. A eletricidade é a necessidade fundamental do mundo de hoje. Na era atual, as fontes convencionais de energia eléctrica não são suficientes para satisfazer a procura de energia. Os principais recursos de energia convencional, como o carvão, a queima de combustíveis fósseis, as fontes de energia nuclear, etc., estão a aumentar as emissões de carbono e também não são amigos do ambiente. Para reduzir o impacto no ambiente e também para minimizar o fosso entre a oferta e a procura, é necessário adotar recursos energéticos renováveis para produzir eletricidade. Na Índia, o objetivo de utilizar fontes de energia renováveis para a produção de eletricidade é fixado em 175 GW até 2022, como mencionado num relatório do Ministério das Energias Novas e Renováveis (MNRE) [1]. Desse total, 100 GW estão planeados a partir da energia solar, 60 GW a partir da energia eólica, 10 GW a partir de pequenas centrais hidroeléctricas e 5 GW a partir da biomassa, como mostra a Figura 1.1. As fontes de energia renováveis (FER) solar e eólica são a solução mais proeminente e adequada para satisfazer a procura futura de energia com menos impacto no ambiente.

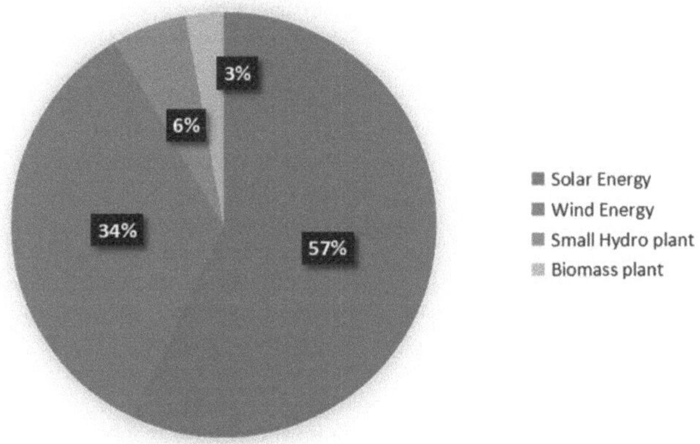

Figura 1.1 Contribuição das FER em 2022 na Índia

As energias eólica e solar proporcionam muitos benefícios ambientais: reduzem a dependência de outros combustíveis, têm um baixo custo de funcionamento, podem ser facilmente instaladas em pequena escala descentralizada, como a energia fotovoltaica no telhado, ou em grande escala integrada na rede. No entanto, as FER são intermitentes por natureza, pelo que a produção de energia com fontes de energia solar e eólica depende de vários parâmetros, como as condições atmosféricas, a irradiância solar, a velocidade e a direção do vento. A variação destes parâmetros afecta o desempenho da rede eléctrica. Há também alguns desafios associados à integração das FER na rede, como a compensação da potência reactiva, os harmónicos, as oscilações e os problemas de qualidade da energia, etc. Existem várias técnicas de proteção para ultrapassar os problemas relacionados com a qualidade da energia e as falhas nas redes eléctricas convencionais.

Existem três categorias de defeitos na rede do sistema elétrico: simétricos, assimétricos e de circuito aberto. De todas estas três categorias, 70-80% dos defeitos são defeitos assimétricos da linha à terra (L-G). Este defeito ocorre devido a uma falha de isolamento entre a terra e qualquer condutor. O sistema de energia eléctrica tem três fases principais: Geração, Transmissão e Distribuição. As linhas de transporte e distribuição são os corredores mais importantes das redes, uma vez que transportam a energia produzida desde a central eléctrica até à carga. Por conseguinte, a fiabilidade e a segurança dos sistemas de transmissão e distribuição são essenciais. No domínio da proteção dos sistemas de energia, são utilizados relés electromecânicos, electrónicos, numéricos e inteligentes. A introdução de fontes de energia distribuídas ao nível da transmissão e da distribuição enfraquece o desempenho das redes de energia eléctrica devido à incerteza das fontes renováveis. A utilização de componentes electrónicos para converter corrente contínua em corrente alternada, corrente contínua em corrente contínua, conceitos de ilhamento e integração na rede são questões adicionais dos sistemas de energia modernos. A utilização de conversores também cria problemas relacionados com a qualidade da energia, a sobretensão, os harmónicos e a queda de tensão na rede.

As empresas de produção e transporte de energia de pequena, média e grande escala enfrentam diferentes problemas de proteção nas redes de micro-rede, distribuídas e de transporte. Os desafios de proteção com as fontes de energia renováveis integradas na rede são amplamente mencionados em três categorias: Micro-rede, Distribuição e Sistema de Transmissão.

1.2 QUESTÕES DE PROTECÇÃO NA REDE DE MICRO-REDE LIGADA À RES/DG

Descrevem-se a seguir os principais problemas de proteção das redes de micro-rede, em que a penetração das FER em pequena escala está envolvida na rede. Estas questões também se verificam nos sistemas de distribuição e transmissão.

- Questões de coordenação com as *FER*

Os sistemas de distribuição são normalmente redes radiais, mas quando as fontes de energia renováveis penetram no sistema, criam efeitos adversos. As fontes múltiplas converterão uma rede radial unidirecional simples numa rede bidirecional complicada. A corrente de defeito mudará a rede de unidirecional para bidirecional. A coordenação da proteção está bem estabelecida entre relés, religadores e fusíveis na rede radial. Mas a adição de fontes de energia solar ou eólica na rede de distribuição e na rede de micro-rede fará com que a coordenação se perca. A rede com fontes de energia renováveis deixaria de ser radial e os seguintes efeitos seriam observados na rede: aumento/diminuição do nível de corrente de defeito com a ligação/desligação de fontes de energia renováveis, problemas de sobrealcance/subalcance do relé de sobrecorrente, ilhamento indesejado, disparos falsos, defeitos cegos, evitar o religamento automático [2].

- Questões de proteção em *modo de* ligação à rede

Ocorrem falsos disparos ou interrupções indesejadas entre a micro-rede e a rede eléctrica pública. Por exemplo, falha do ponto de acoplamento comum (PCC), falha do dispositivo de discriminação no lado da rede eléctrica pública ou dentro da micro-rede. Os falsos disparos podem degradar a qualidade da energia e também aumentar o custo do restabelecimento do funcionamento normal. As principais preocupações e questões relacionadas com a micro-rede e a ligação à rede são a velocidade de re-ligação, a sincronização da tensão, a frequência e o ângulo de fase, etc. O processo de re-sincronização pode ser manual ou automático. A re-sincronização pode demorar alguns segundos ou minutos, dependendo das caraterísticas do sistema. Existem muitos esquemas de sincronização disponíveis.

- Questões de proteção da micro-rede em modo de ilha

Os eventos nas micro-redes dependem da complexidade da rede. O principal problema no modo insular é que a corrente de curto-circuito detectada pelo relé é muito pequena, pelo que o relé não funciona nem responde. Se o dispositivo de proteção responder, demora mais tempo a disparar e a isolar a secção defeituosa da linha sã. O tempo é normalmente em milissegundos. O nível de corrente de defeito na rede convencional é aproximadamente 10 a 50 vezes superior ao da corrente de plena carga, ao passo que na micro-rede autónoma é 5 a 6 vezes superior ao da corrente de plena carga. Quando um grande número de recursos energéticos distribuídos baseados em conversores ou sistemas fotovoltaicos estão ligados numa micro-rede, o nível da corrente de defeito é 2-3 vezes superior à corrente de plena carga. Assim, as configurações do relé de sobrecorrente devem ser diferentes para cada caso [3].

1.3 QUESTÕES DE PROTECÇÃO NO SISTEMA DE DISTRIBUIÇÃO LIGADO À RES/DG

Há muitos problemas de proteção que são comuns à micro-rede e ao sistema de distribuição, como se refere a seguir:

1.3.1 Variação do nível de corrente de defeito

O nível de corrente de defeito pode alterar-se quando um grande número de geradores distribuídos de pequena capacidade está ligado a redes de transmissão e distribuição. Quando são utilizadas fontes fotovoltaicas baseadas em inversores na rede, o nível de corrente de defeito é limitado. Se a corrente de defeito for inferior à corrente de carga, o relé não detecta o defeito e não gera um comando de disparo [4]. Para que os relés de sobrecorrente funcionem corretamente, a corrente de defeito deve ser, no mínimo, 5 a 10 vezes superior à corrente nominal, enquanto que, no modo isolado, as FER baseadas em inversores limitam a corrente de defeito a cerca de 2 vezes a corrente nominal. Como mostra a Figura 1.2, quando as FER estão ligadas à rede principal, a corrente de defeito é mais elevada do que no modo isolado. Além disso, há sempre incertezas quanto à disponibilidade dos recursos naturais eólicos e solares.

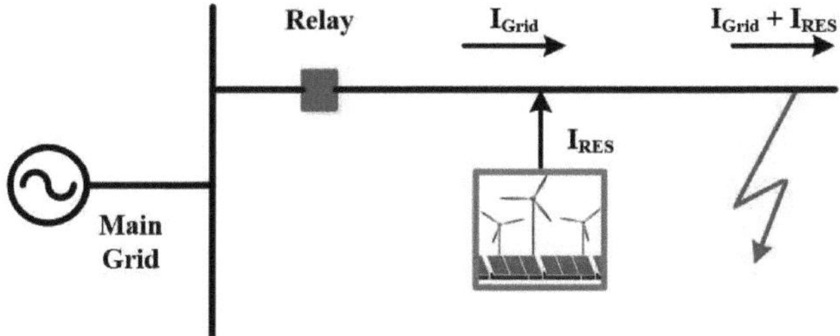

Figura 1.2 Variação da corrente de defeito

A localização da ligação das FER, a localização do defeito, a impedância do defeito, o ângulo de carga, o ângulo de início do defeito em modo ligado à rede e em modo insular, a magnitude, a direção e a duração da corrente de defeito são os parâmetros que alteram o nível da corrente de defeito. Como mostra a Figura 1.2, a corrente de defeito detectada pelo relé é menor na ausência de FER. Por conseguinte, a redução da corrente de defeito resultará na ausência de funcionamento do relé. Isto é chamado de operação cega do relé [2].

1.3.2 Falso disparo

Os disparos falsos ocorrem devido ao fluxo bidirecional da corrente de defeito na maior parte da linha. O relé opera para defeitos numa zona de proteção externa. No esquema apresentado na figura 1.3, as FER contribuem para o defeito, pelo que o relé R2 funciona em sentido inverso ao de R1, que, na realidade, reflecte o defeito devido ao mau funcionamento do esquema de proteção. Como resultado da alimentação de RES para a corrente de falta, como mostrado na Figura 1.3, o relé R2 irá operar desnecessariamente para a falta em outra linha. É também chamado de disparo simpático[5].

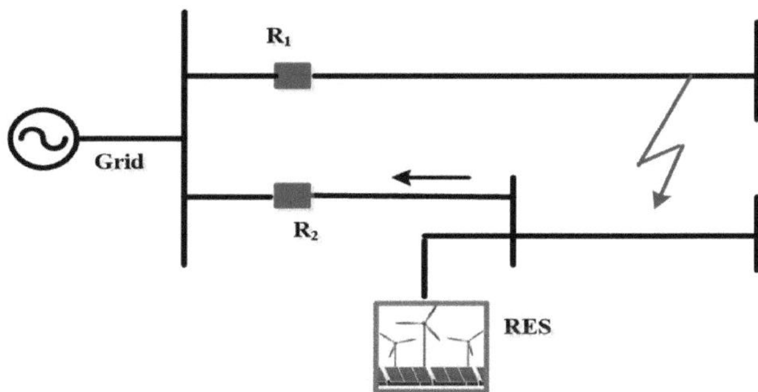

Figura 1.3 Falso disparo / disparo simpático

1.3.3 *Questões* relativas ao modo insular

No esquema da Figura 1.4, quando ocorre um defeito na rede, este é detectado pelo relé R2 e parte da rede distribuída com GD (produção distribuída) ou FER é isolada. Se o gerador continuar a fornecer energia durante a desconexão da rede eléctrica, pode ocorrer um desequilíbrio de energia nas redes isoladas.

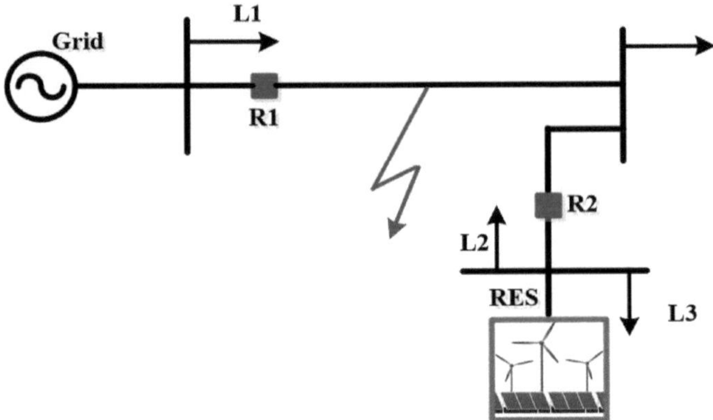

Figura 1.4 Problema de ilhamento

1.3.4 Ligação monofásica

As fontes fotovoltaicas fornecem por vezes uma alimentação monofásica à rede, criando assim um desequilíbrio na corrente de alimentação trifásica que, por sua vez, aumenta a corrente do condutor neutro. Como resultado, a corrente parasita para a terra aumenta. Esta corrente deve ser minimizada para evitar a sobrecarga do sistema.

1.3.5 Perda de coordenação dos relés

Devido a defeitos cegos, falsos disparos, variação das correntes de defeito nos sistemas de distribuição, os sistemas de transmissão também são afectados. Isto cria problemas de sobrealcance e subalcance na proteção de zona do relé de distância e também na proteção do relé de sobrecorrente. Como resultado, o sistema global perderá a coordenação.

1.3.6 Religamento não sincronizado

O religador é um dispositivo de proteção utilizado em sistemas de distribuição. O sistema de distribuição não é desconectado, o que é desnecessário para defeitos transitórios. Se as faltas permanecerem por um longo período, o religador é projetado para abrir e fechar três vezes antes do bloqueio. Como mostrado na Figura 1.5, a corrente de falha alimentada pela rede é suficiente para ser detectada pelo relé R1 e, portanto, o disjuntor será aberto. A corrente que flui das fontes FV em pequenas quantidades continuará a alimentar o defeito. Eventualmente, as falhas serão eliminadas ou persistirão na rede e a corrente fluirá da fonte FV. O disjuntor no relé R1 fechará após um determinado intervalo de tempo, com a alimentação contínua da PV após a falha ser eliminada. Isto irá perder a sincronização entre os dois sistemas. Haverá desfasamento de tensão, frequência e fase, o que danificará o sistema.

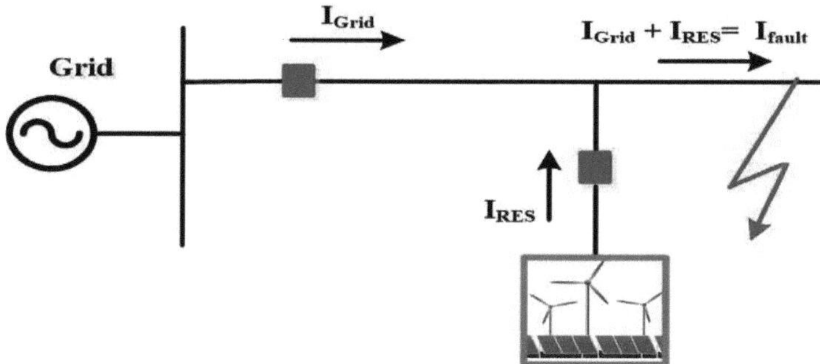

Figura 1.5 Religador fora de sincronismo

1.3.7 Questão da seletividade

As FER integradas na rede principal tornarão a corrente bidirecional. A direção da corrente deixa de ser unidirecional, pelo que a corrente de defeito não é num único sentido. Por vezes, é difícil distinguir entre linha sã e linha em falha devido à variação do nível de corrente de falha das fontes de energia renováveis. Devido às variações do nível de corrente de defeito, pode acontecer que a linha saudável com corrente máxima seja desarmada e a linha defeituosa com corrente mínima não seja desarmada.

1.3.8 Perda de rede (LOM)

A micro-rede é desligada da rede principal no PCC ou a um nível superior. Se houver uma desconexão no ponto de acoplamento comum (PCC), a micro-rede funciona em modo de ilha. Isto cria problemas quando a DG não está a gerar energia suficiente para alimentar as cargas locais. Isto conduzirá ao problema da queda de tensão e da instabilidade da frequência durante o LOM. O artigo [6] também aborda a forma de ultrapassar ou minimizar o tempo de perda da rede eléctrica.

1.3.9 Discriminação de dispositivos

A corrente de defeito diminui com a distância quando a impedância aumenta numa rede eléctrica com fontes de energia apenas numa extremidade do sistema. Esta variação na amplitude da corrente de defeito é utilizada para discriminar. A corrente de defeito é limitada a um valor substancialmente mais baixo no caso de um sistema de rede insular com uma FER com inversor integrado, em comparação com o valor obtido com uma FER diretamente ligada. Esta condição impede a utilização da técnica de proteção por corrente padrão.

1.4 QUESTÕES DE PROTECÇÃO NO SISTEMA DE TRANSMISSÃO

Vários parâmetros afectam o desempenho das linhas de transporte e são também a causa de falsos disparos. Estes parâmetros são enumerados na figura 1.6, que podem ser a causa de problemas de sub ou sobrealcance na proteção à distância das linhas de transporte. Diferentes geradores distribuídos, como os geradores de indução e os geradores síncronos convencionais, têm um comportamento diferente em relação ao curto-circuito, o que afecta as definições da proteção à distância.

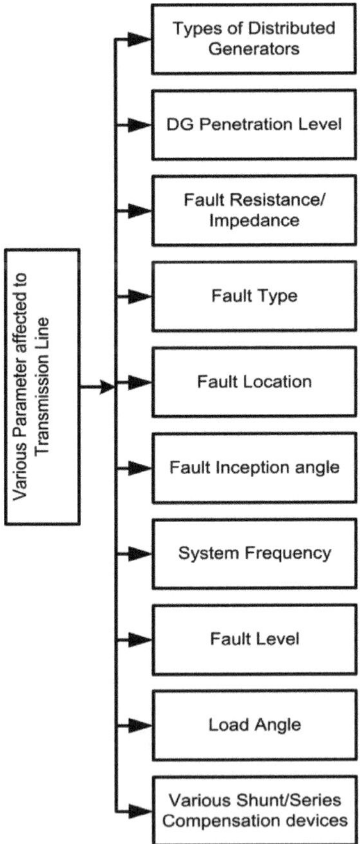

Figura 1.6 Parâmetros afectados à proteção da linha de transmissão

Além disso, o nível de penetração da energia eólica e solar pode criar um mau funcionamento do relé na linha de transmissão. As FER de pequena, média e grande escala estão ligadas à rede quer a nível da micro-rede, quer a nível da distribuição ou da transmissão. A capacidade e a dimensão das instalações de FER, bem como o número de instalações na rede, podem alterar o desempenho da proteção à distância das linhas de transporte.

Alguns outros parâmetros que influenciam a proteção à distância são a ocorrência de um defeito próximo ou afastado do barramento, a localização do defeito, o defeito transitório, o defeito em estado estacionário, os tipos de defeito L-G, LL, LL-G, LLL, LLL-G (defeitos simétricos ou assimétricos), a impedância de defeito, os vários ângulos de incepção de defeito (FIA), a oscilação de potência, o nível de tensão, o nível de defeito, a correspondência de frequências, o acoplamento mútuo, as técnicas de compensação, os dispositivos FACTS utilizados na linha de transporte para transferir a potência máxima, etc.

1.5 DESAFIOS DA PROTECÇÃO DE MICRORREDES E TÉCNICAS DE MITIGAÇÃO

Os diferentes métodos de proteção da microrrede foram discutidos no Capítulo 2. A Figura 1.7 resume os diferentes esquemas de proteção implementados, simulados e sugeridos por vários investigadores. A literatura trata da criação de um esquema de proteção sensível e preciso para sistemas de produção de energia de pequena escala, de modo a distinguir corretamente entre a corrente de defeito de pequena dimensão e a corrente de carga. Além disso, é necessário isolar a secção defeituosa da rede principal para que o resto do sistema funcione sem problemas e forneça uma alimentação ininterrupta.

- Esquema de proteção diferencial

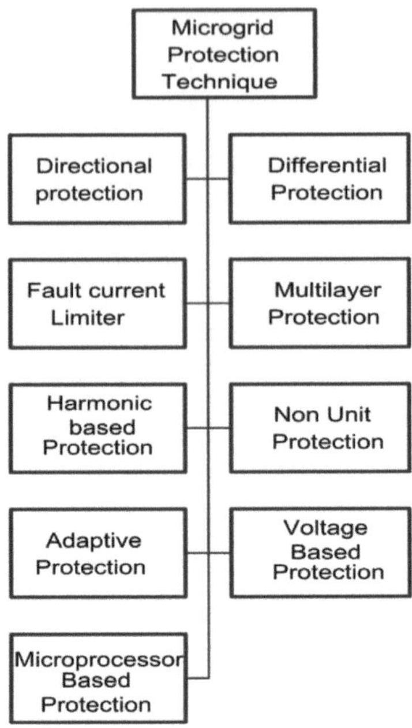

Figura 1.7 Diferentes esquemas de proteção da micro-rede

A técnica de proteção diferencial consiste em comparar a amplitude da corrente de defeito através do componente protegido. A técnica baseia-se na medição da corrente diferencial no Ponto de Acoplamento Comum (PCC). O processamento do sinal pode ser utilizado para definir as configurações do relé diferencial para a deteção de pequenas correntes de defeito na rede e fora da rede e emitir sinais de disparo para interromper a secção defeituosa. Esta técnica funciona bem para defeitos shunt e de alta impedância. Não é aplicável para defeitos em série porque os defeitos em série são simétricos por natureza. Os defeitos em série não podem ter energia diferencial. A maior parte dos defeitos em série são normalmente convertidos em shunt após algum tempo.

- Esquema de proteção baseado no limitador de corrente de defeito (FCL)

Este método é aplicável a sistemas de distribuição integrados de micro-rede e de GD. A FCL é colocada em série com uma linha eléctrica ou numa localização óptima de uma rede interligada para limitar a corrente de defeito. O tamanho do FCL dependerá do número de DER de pequena capacidade disponíveis na

do sistema ou no nível da corrente de defeito. A afinação dos parâmetros do FCL, a localização e a dimensão do FCL são aspectos que constituem um desafio para a rede eléctrica.

- Proteção contra sobrecorrente baseada no conteúdo harmónico

As fontes de energia renováveis utilizam conversores como o conversor CC-CC ou o inversor CC-CA, que introduzem harmónicas no sistema. A distorção harmónica total (THD) é calculada utilizando os métodos FFT ou DFT. O conteúdo da THD é útil para identificar o tipo de defeito e também para separar as secções sãs das defeituosas. Os esquemas de proteção geralmente não funcionam com o aumento da carga dinâmica ou com o aumento de GDs não uniformes no sistema.

- Proteção baseada na corrente de tensão

A componente de sequência positiva da tensão fundamental é utilizada para a deteção de diferentes tipos de falhas na micro-rede. O método de medição da tensão é mais rápido e fiável do que o do relé de sobrecorrente. A coordenação do relé de sobrecorrente de tempo inverso falha para a corrente de defeito limitada das fontes de energia renováveis da micro-rede. A tensão terminal das fontes de energia distribuídas desce abaixo da sua gama de funcionamento para pequenos incrementos de variação de corrente durante as falhas na micro-rede. Assim, os relés de sobrecorrente inversos no tempo baseados na corrente de tensão podem ser utilizados tanto em micro-redes como em sistemas de distribuição.

- Proteção não unitária

Neste caso, é necessário calcular a impedância de uma microrrede de corrente contínua utilizando medições locais. Este esquema só é aplicável a microrredes de corrente contínua, podendo não funcionar para outras tipologias de microrredes diferentes.

- Proteção direcional contra sobreintensidades

Este tipo de proteção dispõe de elementos direcionais. A corrente inversa flui na microrrede quando há mais FER disponíveis na microrrede e a microrrede torna-se uma rede em malha. Assim, para evitar o mau funcionamento do relé devido à corrente bidirecional, é necessário um elemento direcional. A magnitude e o ângulo da impedância de sequência negativa são utilizados para detetar a magnitude do defeito assimétrico. A corrente e o ângulo de binário da impedância de sequência negativa são utilizados para detetar um defeito simétrico. Pode não funcionar para diferentes topologias de redes.

- Sistema de proteção adaptativo

Este esquema funciona para diferentes estruturas de micro-rede. É aplicável a redes ligadas à rede e a redes insulares. Funciona com base na lógica do programa. Para condições variáveis, estão disponíveis diferentes selecções de configuração de relés. Os esquemas de proteção adaptativa também se baseiam na comunicação. O protocolo de comunicação do relé é utilizado para comunicar entre o relé mestre na estação de controlo e os relés escravos no terreno. O relé mestre define diferentes configurações de relé de acordo com a estrutura da micro-rede. Os cenários futuros aumentarão o número de defeitos dinâmicos em função do nível de penetração das FER na micro-rede. Os sistemas de proteção adaptativos são mais eficazes e fiáveis.

- Proteção multicamada

Um esquema de proteção multicamada pode incluir vários níveis de proteção. A proteção de corrente, a proteção diferencial, a proteção de reserva e a proteção anti-ilhamento são as quatro camadas diferentes de proteção disponíveis em muitos trabalhos de investigação. Devido à maior flexibilidade das camadas, a fiabilidade e a precisão da proteção são melhoradas, mas simultaneamente a comunicação entre estas camadas torna-se complexa.

1.6 ESQUEMA DE PROTECÇÃO DA REDE DE DISTRIBUIÇÃO

A utilização de recursos energéticos renováveis continuará a aumentar a nível da distribuição para satisfazer a futura procura de energia. Isto tornará a operação e o controlo do sistema complicados e criará problemas relacionados com a qualidade e a proteção da energia. A maior parte dos sistemas de proteção aplicáveis à proteção da micro-rede são também sugeridos para os sistemas de distribuição de energia. Os dispositivos de proteção contra sobreintensidades são utilizados nos sistemas de distribuição de energia. O esquema de proteção contra sobreintensidades é utilizado para proteção primária e de reserva na rede de distribuição. Mas este esquema de relé de proteção contra sobreintensidades torna-se não funcional na presença de recursos de energia solar e eólica baseados em conversores. Mais uma vez, os esquemas de proteção contra sobreintensidades funcionam para o fluxo unidirecional de corrente na rede radial, mas a rede de distribuição não se mantém radial devido à interligação em grande escala das FER à rede principal. Devido à presença de FER, a corrente fluirá em bidireccionalidade. O fornecimento de um elemento direcional com um relé de sobrecorrente ajudará a evitar o mau funcionamento do relé de sobrecorrente em caso de fluxo de corrente em sentido inverso. Devido à resposta lenta do esquema de sobrecorrente no nível de subtransmissão, a proteção de distância é utilizada como proteção primária e a sobrecorrente é utilizada como proteção de reserva. Para assegurar uma coordenação adequada dos relés na rede de distribuição, são referidos na literatura vários esquemas de proteção.

- Técnica de ajuste de curvas

O ajuste de curvas na análise de regressão é o processo de escolha do modelo que melhor se adapta às curvas específicas dos conjuntos de dados. Em comparação com as relações lineares, as ligações curvas entre variáveis são mais difíceis de ajustar e avaliar. Para ligações lineares, o valor da variável dependente muda sempre numa quantidade predeterminada à medida que a variável independente é aumentada num nível.

Nesta técnica, os esquemas de relé de corrente inversa normal são modelados matematicamente. Trata-se de uma relação construída matematicamente entre conjuntos de dados de funções e os seus parâmetros. Esta técnica é muito simples. O inconveniente é que não funciona para uma corrente 1,3 vezes inferior à corrente de captação.

- Teoria dos grafos e técnica analítica

Esta técnica é bastante útil para redes interligadas ou distribuídas em malha. O tempo de cálculo para resolver o problema da coordenação do relé atual é mais elevado.

- Método analítico

Os métodos analíticos requerem um grande número de iterações e não são capazes de fornecer uma configuração óptima de retransmissores em redes distribuídas para resolver problemas de coordenação de retransmissores.

- Definição dupla de sobrecorrente direcional (corrente de falha inversa)

Os relés de sobrecorrente direcionais de regulação dupla foram sugeridos como um método para proteger as redes de distribuição mistas com FER. O método é igualmente aplicável à micro-rede. As configurações de coordenação tornam-se mais difíceis quando são utilizados relés não direcionais, exigindo um grande número de relés. As configurações dos relés tornam-se mais fáceis e há menos relés não-direcionais quando são utilizados relés de sobrecorrente direcionais. No entanto, os relés de sobrecorrente direcionais convencionais possuem um componente de deteção de tensão, que utiliza a polarização da tensão para identificar a direção do defeito. Eles precisam de medições de corrente e tensão. O custo é um fator importante, uma vez que é necessário implementar um maior número destes relés para as redes inteligentes.

- Técnicas de otimização

As técnicas de otimização são também utilizadas para assegurar a coordenação dos retransmissores e a otimização da sua configuração. As técnicas de otimização são classificadas em duas categorias:

- Técnicas de otimização de base matemática - Podem ser utilizadas várias técnicas de otimização matemática, desde a regressão linear simples para redes lineares até técnicas complexas para redes não lineares, redes de sistemas de energia distribuídos fixos e variáveis.

- Técnicas de otimização baseadas na inteligência artificial - Para encontrar uma solução global óptima para a configuração dos relés de um sistema de energia interligado, muitos investigadores propuseram diferentes técnicas, como o algoritmo genético, a otimização por enxame de partículas (PSO), o BBO, a otimização por colónia de formigas, o algoritmo BAT, a colónia de abelhas artificiais, etc. Todos estes métodos são algoritmos de pesquisa baseados em populações, em que a população inicial é gerada através da inicialização aleatória de parâmetros de entrada dentro de um determinado intervalo. Estes métodos seguem a linha de ação óptima, guiados pelas acções dos seres naturais. Todos estes métodos têm o potencial de oferecer respostas ideais ou muito próximas do ótimo.

Para a rede radial, são preferidas as técnicas de otimização matemática, enquanto que para um grande número de redes interligadas de recursos de energia renovável, são preferidas as técnicas de otimização artificial. A única limitação destas técnicas é a necessidade de ajustar corretamente os parâmetros de otimização para encontrar as definições globais óptimas do relé.

1.7 ESQUEMA DE PROTECÇÃO DA LINHA DE TRANSMISSÃO

As redes convencionais utilizam técnicas de proteção à distância para a proteção das linhas de transporte. Na era das redes inteligentes e com as redes eléctricas integradas de GD ou FER, as técnicas de proteção à distância podem não funcionar corretamente devido a vários parâmetros que as influenciam, como se refere na secção 1.7.1.

1.7.1 Sistema de proteção à distância

Os sistemas de proteção à distância são utilizados nas redes de transporte. Nas redes de distribuição, são preferidos os esquemas de relés de corrente. O aumento do número de GDs no sistema de distribuição produzirá um fluxo de corrente bidirecional, o que causará perda de coordenação na rede. Os elementos de relé de distância são menos afectados por alterações dinâmicas na rede do que os de sobrecorrente. Para ultrapassar estes problemas, o elemento de sobreintensidade instantânea de ajuste elevado é substituído por um elemento quadrilateral e o elemento de sobreintensidade instantânea de ajuste reduzido é substituído por um elemento MHO. As caraterísticas da linha são inerentemente direcionais, pelo que pode proteger contra a corrente de defeito inversa.

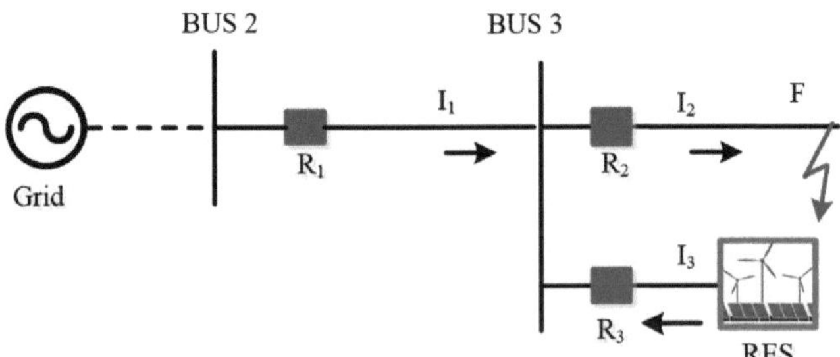

Figura 1.8 Proteção à distância

A proteção à distância oferece três zonas de proteção. A Zona 1 cobre 80% da linha e fornece proteção instantânea. A proteção da Zona 2 e da Zona 3 proporciona uma proteção de tempo definido. A proteção da Zona 2 cobre 10 a 20% da linha protegida que não foi coberta pela zona 1 e também fornece proteção de reserva para as linhas adjacentes. A zona 3 fornece proteção de reserva à linha adjacente. Cobre uma área maior em comparação com a zona 2. As definições de tempo da zona 3 são mais elevadas do que as da zona 2. Considere o esquema apresentado na Figura 1.8, o defeito ocorre no ponto F. A GD ou RES que está ligada ao barramento 3 também alimentará a corrente de defeito. A impedância da linha RES será adicionada à impedância da linha. Assim, a impedância vista por R1 será maior em comparação com a impedância definida. Se a impedância medida for superior à impedância definida, ocorrerão falsos disparos na rede. Para minimizar o impacto das FER a montante e a jusante, a rede precisa de recalcular o valor da impedância definida. Assim, a seletividade e a definição dos parâmetros do relé devem mudar dinamicamente com as alterações na rede [7].

1.7.2 Sistema de Inferência Fuzzy

O sistema fuzzy é construído com base em informações sob a forma de regras fuzzy if-else. Um sistema de inferência fuzzy (FIS) tem quatro componentes principais: fuzzificação, base de regras, inferência e defuzzificação. O utilizador pode trabalhar com valores reais de variáveis de entrada e saída com a ajuda de regras difusas. A solução fornecida pelo sistema lógico clássico é fácil de avaliar e baseia-se em informações previamente armazenadas. O sistema lógico baseado em fuzzy é ajustável, permite entradas pouco claras e utiliza o raciocínio fuzzy com conceitos matemáticos muito básicos. Consequentemente, fornece um resultado preciso para verificar as regras.

1.7.3 Método multiagente

Em geral, funciona da mesma forma que a aprendizagem por reforço de um único agente, em que cada agente tenta descobrir a melhor forma de maximizar o seu próprio ganho, aprendendo as suas próprias regras. É possível aplicar uma política única para todos os agentes, mas isso exigiria que comunicassem com um único servidor para calcular as suas acções, o que é problemático na maioria das circunstâncias do mundo real. Em vez disso, é utilizado um algoritmo de aprendizagem multiagente descentralizado na realidade. A técnica multiagente baseada na aprendizagem por reforço é representada graficamente na Figura 1.9. As acções conjuntas de cada agente foram atribuídas ao ambiente. O ambiente cria o estado seguinte e os sinais de recompensa que são divididos por um número N de agentes.

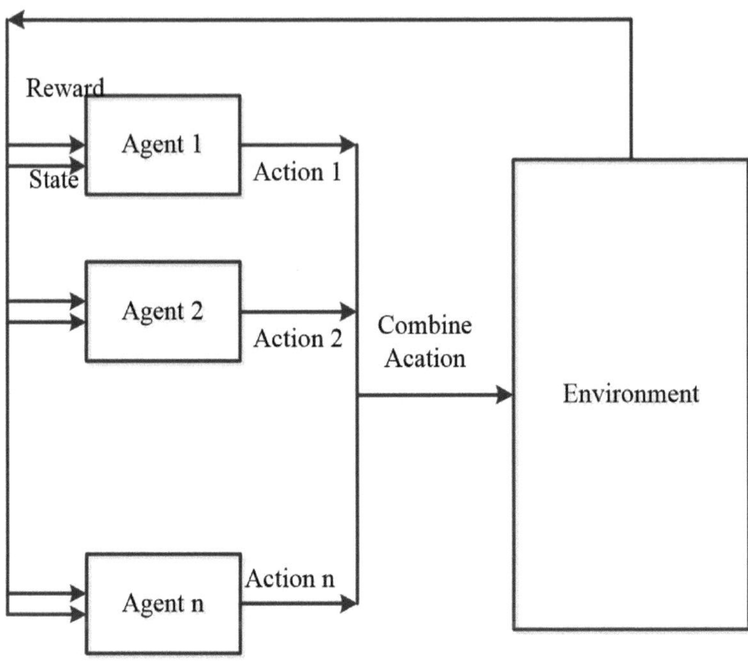

Figura 1.9 Técnica de agentes múltiplos

Quando os agentes têm diferentes níveis de conhecimento sobre o ambiente, a partilha de informações pode ter as seguintes vantagens: pode melhorar a coordenação dos agentes e pode melhorar a aprendizagem de todos os envolvidos, incluindo os agentes com mais conhecimentos.

1.7.4 Técnica de reconhecimento de padrões

Esta técnica é conhecida pelo seu funcionamento estatístico. Os padrões de falha serão reconhecidos utilizando muitas das técnicas de redes neuronais. Há muitas outras técnicas simuladas e testadas pelos investigadores, como a rede neural artificial, o reconhecimento de padrões, as técnicas de proteção da distância modificadas, a rede neural de avanço, a rede neural de retropropagação, a rede neural probabilística, o algoritmo do vizinho mais próximo, a rede neural recorrente, a rede neural de convolução, as técnicas adaptativas com fuzzy e muitas outras. A técnica adaptativa e a técnica modificada de proteção da distância, as técnicas adaptativas de proteção da distância baseadas na unidade de medição de fasores (PMU) foram preferidas e sugeridas por muitos investigadores. O Capítulo 2 apresenta uma panorâmica pormenorizada destas técnicas.

1.8 LACUNA DE INVESTIGAÇÃO E ÂMBITO DO TRABALHO

As questões de proteção nos sistemas de transmissão e distribuição, incluindo com e sem FER interligadas à rede, foram discutidas neste capítulo. São também mencionadas possíveis soluções para a integração das FER em pequena, média e grande escala. Com base no estudo efectuado, foram identificadas as seguintes lacunas de investigação.

1. Devido ao comportamento imprevisível das fontes de energia renováveis e à sua elevada penetração, o nível de falha muda, o que, por sua vez, resulta no mau funcionamento do relé, gerando falsos disparos.

2. A partir da literatura, observou-se que a penetração em grande escala de recursos renováveis pode afetar as configurações de alcance da distância da linha de transmissão, o que precisa de ser tratado adequadamente.

3. As múltiplas configurações da coordenação do relé de sobrecorrente ou a configuração adaptativa do relé são necessárias para uma pequena penetração da energia fotovoltaica ou para a integração em grande escala da energia eólica ou de qualquer outra GD, a fim de evitar os problemas de sobrealcance e subalcance. Muitos investigadores estão a trabalhar nesta área.

4. As fontes renováveis são autorizadas a alimentar a rede local. É o chamado modo isolado. O nível de corrente de defeito é diferente no modo isolado em comparação com o sistema de transmissão e distribuição ligado à rede. Identificar e classificar corretamente as avarias é o maior desafio e estão a ser realizados muitos trabalhos de investigação nesta área.

5. Para a deteção e classificação de avarias nas linhas de transmissão, são utilizadas técnicas inteligentes como a rede neural artificial, a rede neural probabilística, a árvore de decisão e a base difusa. Todos os métodos têm as suas próprias limitações. Identificar os métodos mais adequados de entre todas as técnicas de classificação é também um desafio, especialmente quando se trata de linhas renováveis, linhas integradas com GD ou linhas compensadas em série/desligadas.

1.9 OBJECTIVOS DO TRABALHO DE INVESTIGAÇÃO

Nas secções 1.2, 1.3 e 1.4 são mencionados diferentes problemas de proteção ao nível da transmissão, distribuição e micro-rede na presença de fontes de energia solar e eólica. O objetivo da investigação é resolver alguns dos desafios acima referidos. Além disso, na conversão da atual rede eléctrica numa "rede inteligente", é necessário conceber um relé inteligente que seja capaz de identificar e classificar rapidamente os problemas da rede eléctrica.

Assim, os seguintes objectivos são enquadrados para a investigação na área da classificação e deteção de falhas na proteção do sistema de energia.

1) Análise da influência e do impacto dos vários parâmetros na rede do sistema elétrico quando as fontes de energia renováveis são penetradas em sistemas convencionais.

2) Implementar algoritmos de classificação e deteção de falhas utilizando algoritmos avançados de aprendizagem automática (ML) e aprendizagem profunda (DL).

3) Comparar a precisão de diferentes algoritmos de classificação e deteção de falhas.

1.10 PROCESSO DE DETECÇÃO E CLASSIFICAÇÃO DE FALHAS

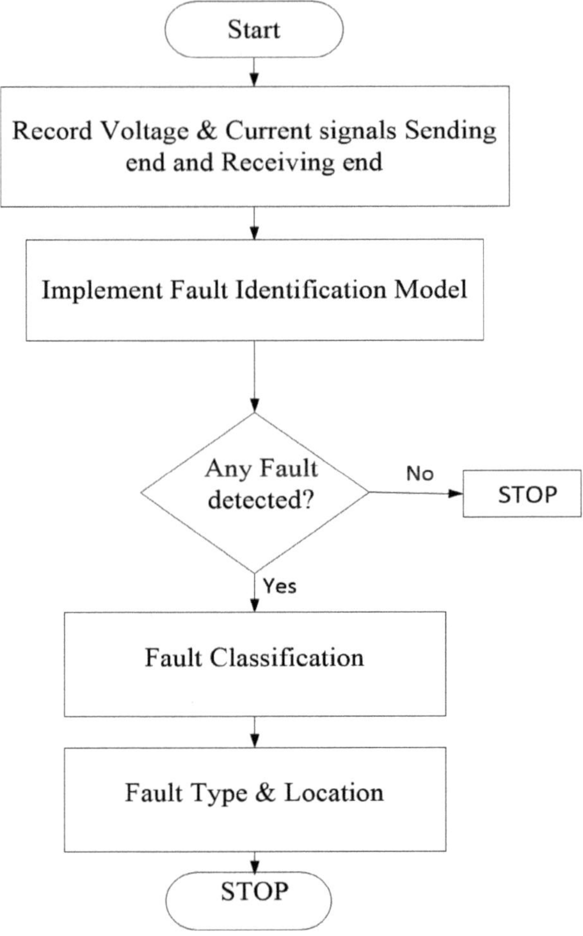

Figura 1.10 Processo do Modelo Proposto para Detetar e Classificar Falhas

As técnicas de aprendizagem automática ou de aprendizagem profunda propostas são utilizadas para identificar e classificar neste trabalho de investigação. Os processos generalizados de quaisquer técnicas de IA são apresentados na Figura 1.10. Ler os sinais de corrente e tensão. Dividir o conjunto de dados em treino e teste. Implementar o modelo e verificar a exatidão do modelo. Muitas das técnicas de IA (Inteligência Artificial) funcionam com base no processo apresentado no fluxograma.

1.11 RESUMO

Este capítulo aborda os diferentes desafios de proteção das redes de transporte, distribuição e micro-rede interligadas a FER ou GD. Também são abordadas as técnicas de mitigação. O objetivo da investigação e o breve esboço da tese são também mencionados.

CAPÍTULO 2

PESQUISA BIBLIOGRÁFICA

2.1 INTRODUÇÃO

O crescimento socioeconómico sempre foi uma componente essencial da natureza humana desde os primórdios da vida humana na Terra. Os recursos energéticos naturais podem ser aproveitados pelos seres humanos de uma forma espantosa para beneficiar a vida quotidiana. O século 18th trouxe a introdução do carvão como combustível e, para satisfazer as necessidades energéticas, os recursos petrolíferos foram fortemente utilizados no século 19th para produzir quantidades maciças de energia. Os seres humanos utilizaram recursos não renováveis durante 200 anos, o que teve consequências negativas para o ecossistema. O dióxido de carbono (CO_2) e outros gases nocivos foram libertados de forma incontrolável em resultado da utilização excessiva do carvão e do petróleo. Para evitar efeitos adversos para os seres humanos, os animais, as plantas e o ambiente. É necessário encontrar fontes alternativas de energia. Além disso, a utilização de tecnologias de ponta no sector da energia eléctrica está a sofrer uma mudança significativa, na medida em que se tenta criar uma rede mais inteligente que possa resolver com êxito os problemas do presente e do futuro. As fontes alternativas de energia são a geotérmica, a biomassa, a hídrica, a solar, a eólica, etc. As fontes de energia renováveis, como a solar e a eólica, integradas em sistemas de energia convencionais, colocam muitos desafios em termos de proteção, uma vez que ambas as fontes de energia são variáveis no tempo e não são previsíveis. Muitos dos desafios de proteção são mencionados no Capítulo - 1.

A literatura analisou muitos dos problemas de proteção devidos às FER integradas em redes convencionais e também discutiu diferentes métodos para ultrapassar esses problemas. A capacidade de as FER transportarem a carga na secção isolada, mantendo os limites aceitáveis de tensão e frequência para as cargas isoladas, é essencial para o bom funcionamento de um sistema autónomo. A interligação deve permanecer aberta durante qualquer perturbação inaceitável da qualidade da energia ou falha na rede principal. Se a procura de carga do sistema insular não puder ser satisfeita pela capacidade de produção das FER, devem ser adoptados planos adequados de corte de carga. Durante a transição do modo de ligação à rede para o modo insular, dependendo da tecnologia de comutação, podem ocorrer alguns breves cortes de energia. A parte insular deve ser capaz de retomar imediatamente o seu funcionamento e assumir a sua função. As fontes de energia renováveis estão a fornecer energia ativa e reactiva. A rede principal não se interconectou com as FER até que a tensão, a frequência e o ângulo de fase de ambos os sistemas estejam dentro de limites aceitáveis. Deve existir um sistema de proteção que possa identificar problemas no sistema insular e isolar rapidamente a área problemática do resto do sistema, minimizando a perda de produção e as interrupções de carga.

2.2 SISTEMA CONVENCIONAL VERSUS SISTEMA INTERCONECTADO RES

Como mostra a Figura 2.1, a rede convencional representa o sistema de produção, transmissão e distribuição. A produção de eletricidade em grandes centrais de produção é transmitida a alta tensão para reduzir as perdas na linha. Um sistema de distribuição contra a alta tensão é reduzido para um nível de média tensão e a eletricidade é entregue ao consumidor final a um nível de baixa tensão. A rede eléctrica funciona verticalmente como um sistema unidirecional, como mostra a figura 2.1. O sistema passou de unidirecional a bidirecional, como mostra a figura 2.2.

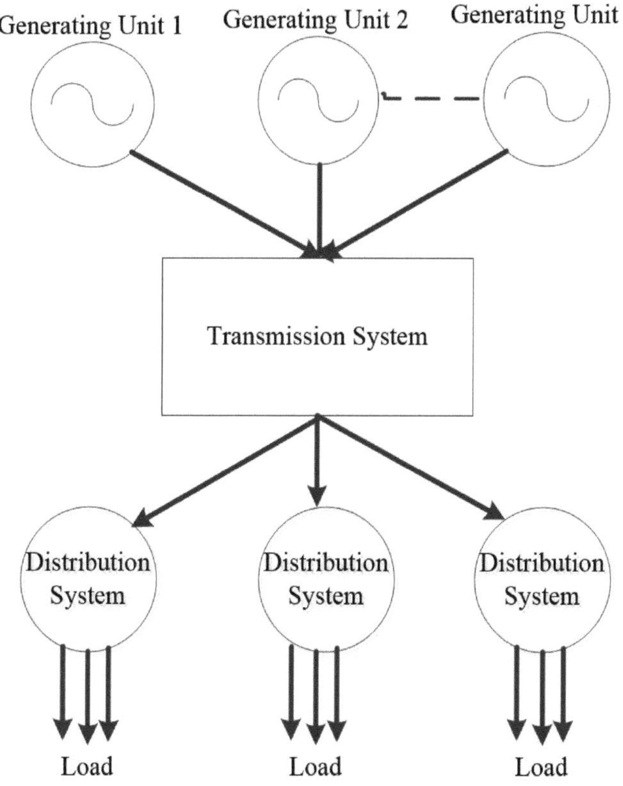

Figura 2.1 Rede convencional

A Figura 2.2 indica que as FER, como o sistema de produção fotovoltaica, o sistema de energia eólica e o sistema baseado em combustíveis, são integradas na rede de distribuição, na microrrede a nível local ou a nível da transmissão para satisfazer as necessidades energéticas do século XXI, o que também é designado por sistema de produção distribuída (GD).

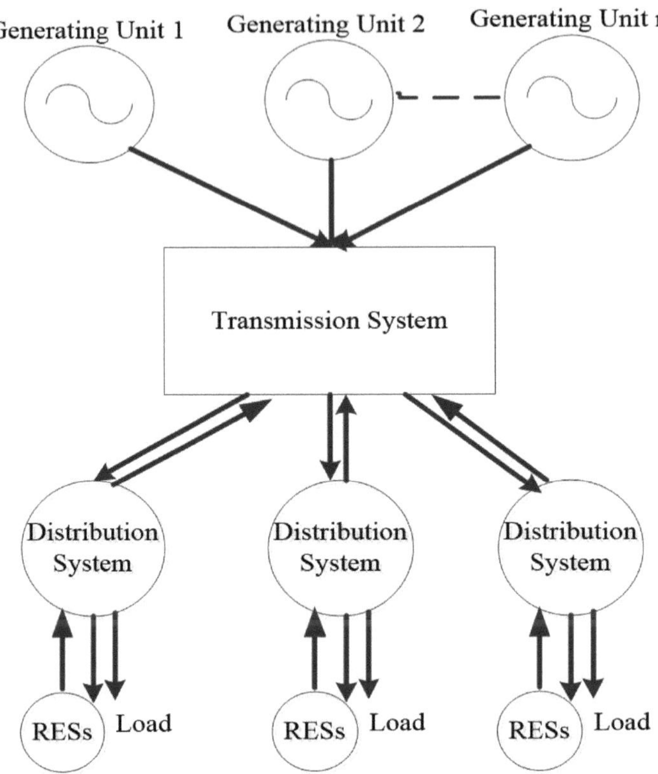

Figura 2.2 Rede convencional interligada com FER

Na produção distribuída, fontes de energia mais pequenas são combinadas para fornecer a energia necessária para satisfazer a procura de energia. De acordo com as referências [8], as fontes de GD podem ser divididas em categorias de potência: micro, pequena, média e grande, como indicado na Tabela 2.1. Além disso, a GD foi categorizada em termos de tipo de acoplamento [9], como mostra a Figura 2.3.

Tabela 2.1 Classificação da produção distribuída com base nas potências nominais

Sr.No.	Tipo de fonte de energia	Potência nominal
1	micro	< 5kW
2	pequeno	5kW - 5MW
3	médio	5MW - 50MW
4	grande	> 50MW

Na rede inteligente, as fontes de energia distribuídas ou renováveis estão interligadas com os sistemas convencionais para satisfazer a futura procura de energia. O conceito de rede inteligente ou de um sistema de energia descentralizado traz problemas de estabilidade, problemas de incompatibilidade de frequência, desafios de proteção e muitos outros problemas no sistema de energia existente.

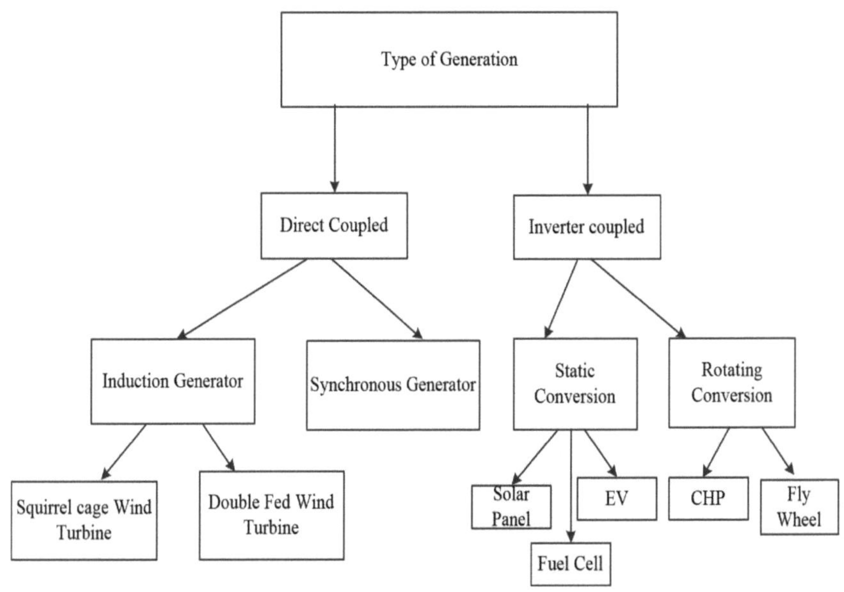

Figura 2.3 Classificação da produção distribuída com base no acoplamento

O avanço no sector da automação, das energias renováveis, do sistema de controlo, da Internet das coisas (IOT), dos veículos eléctricos (VE) integrados ou não na rede conduz a muitos problemas de proteção ao nível da micro-rede, da distribuição e da transmissão. Muitos investigadores estão a trabalhar em diferentes tipos de problemas de proteção e respectivas soluções. Muitos destes desafios e soluções de proteção são discutidos no Capítulo-1. Alguns problemas de proteção e as suas soluções implementadas pelos investigadores são discutidos a seguir.

2.3 IMPACTO DA REDE DESCENTRALIZADA NA PROTECÇÃO DO SISTEMA DE ENERGIA

O conceito de produção distribuída aumentou a quantidade de centrais não-síncronas e ligadas a inversores no sistema elétrico. Estes tipos de produção têm caraterísticas diferentes das das centrais convencionais. Os factos são apresentados nos relatórios de apagões de algumas regiões de diferentes países, por exemplo, o Black System na Austrália do Sul em 2016. A AEMO[10] encontrou uma série de factores subjacentes a este apagão, como o disparo de turbinas eólicas devido à elevada velocidade do vento, o funcionamento dos cinco geradores a gás em linha de cada vez, as configurações dos relés que dispararam o interconector, as configurações dos relés de proteção da linha de energia, os compensadores estáticos var (SVC), etc. O apagão no sul da Califórnia deveu-se ao disparo súbito e desnecessário de inversores fotovoltaicos, resultando na perda de cerca de 1200 MW de produção solar fotovoltaica (PV) [11]. A qualidade de energia ininterrupta e de boa qualidade é o nosso principal requisito. Muitos investigadores estão a trabalhar na forma de equilibrar a enorme procura de energia e os desafios de proteção. O artigo [4] resumiu os principais desafios, tais como variações nos níveis de curto-circuito, cegueira da proteção, religação dessincronizada, ligação monofásica, alteração da impedância de defeito, fluxo de potência inverso, perda de rede, que podem ser encontrados ao conceber esquemas de proteção para redes de distribuição ligadas a GD. No passado, foram também apresentadas algumas soluções possíveis, tais como componentes de corrente simétricos e diferenciais, inversores de classificação mais elevada que podem diferenciar entre sobrecarga e condições de falha. Outras abordagens são a utilização de uma combinação de várias GD, esquemas de proteção inteligentes ou adaptativos, limitador de corrente de defeito, proteção centralizada utilizando SCADA ou DCS. O artigo [12] apresentou uma visão geral do reconhecimento de padrões para resolver problemas de proteção à distância na linha de transmissão. A revisão da literatura confirmou que as funções de reconhecimento de padrões são eficazes na deteção de defeitos, classificação de defeitos, identificação da localização de defeitos, deteção de defeitos de alta impedância, deteção de oscilação de potência e deteção de defeitos simétricos durante a oscilação de potência. Além disso, a monitorização da forma de onda de diferentes parâmetros complexos e não lineares do sistema de energia é incluída nos pontos de relé. Estes parâmetros são também afectados por diferentes topologias em condições de defeito, configurações do sistema, dispositivos de compensação e envolvimento de redes de corrente contínua. São discutidas diferentes técnicas de otimização para conseguir uma coordenação adequada do relé durante condições anormais. O dimensionamento e a localização óptimos da GD são discutidos no artigo [13]. O tipo, a localização e a dimensão da GD têm uma influência significativa na coordenação da proteção. A gama de relés de distância a montante ao nível da transmissão é afetada pela elevada penetração de GD ao nível da distribuição. Consequentemente, ao instalar várias GD, é essencial ter em conta tanto os relés a montante do nível de transmissão como as configurações dos relés a jusante do sistema de distribuição. A coordenação dos relés tem em conta o limite inferior do intervalo de tempo de coordenação, descartando o seu limite superior. Consequentemente, o funcionamento da proteção de reserva contra sobreintensidades é retardado em situações de baixas contribuições de corrente de defeito das GD. Por conseguinte, as caraterísticas do relé de corrente inversa no tempo devem ser utilizadas nos esquemas de coordenação de relés, a fim de obter um desempenho ótimo dos relés de sobrecorrente nessas condições.

Para diferenciar as correntes de defeito a montante e a jusante, são instalados relés direcionais, uma vez que a instalação de GD afecta a configuração da rede de distribuição. As técnicas simples de ajuste de curvas são inúteis nestas circunstâncias, porque a escolha das configurações do relé para proteção de reserva é mais difícil. Por conseguinte, são necessárias soluções modernas baseadas na comunicação para resolver este problema em sistemas extremamente complexos. As GD são, na sua maioria, sistemas do tipo fontes de energia renováveis. Os relés registam diferentes níveis de falha, cujos níveis de falha estão configurados para uma topologia de rede predefinida. No artigo de revisão [14], a influência das energias renováveis nas estratégias de proteção da rede é dividida em três categorias. Na primeira categoria, as FER são penetradas ao nível da distribuição e sobre os relés de corrente, que são utilizados principalmente para proteger os sistemas de distribuição. Dependendo do nível de alimentação, a influência pode aproximar-se dos níveis de sub-transmissão, levando a uma perda de coordenação sobre os relés actuais e as distâncias operacionais. Este artigo também descreveu várias proteções baseadas em relés de sobrecorrente que podem ser tecnicamente apropriadas para a proteção de redes de distribuição interconectadas para fontes renováveis de energia. Na segunda categoria, o alcance dos relés de distância é afetado quando a maior parte das energias renováveis é incorporada ao nível da transmissão, levando ao funcionamento dos relés de distância com alcance inferior. Não é prático definir manualmente o alcance de cada relé de distância para várias fontes de energia renováveis alimentadas por um grande número de energias renováveis integradas. Este artigo também abordou métodos de proteção de relés diferenciais baseados em técnicas inteligentes e de distância adaptativa que podem modificar a configuração da proteção dos relés de acordo com as necessidades de funcionamento da rede. As fontes de energia renováveis são autorizadas a alimentar a rede de vizinhança na terceira categoria. As normas de proteção para estes sistemas são distintas das das outras duas categorias, em que as fontes de energia renováveis são autorizadas a alimentar a rede local enquanto operam numa configuração de ilha. Quando comparados com uma ligação à rede, os níveis de falha no modo de funcionamento isolado são baixos e descem ainda mais para uma rede isolada alimentada por energia solar. As estratégias de proteção para estes sistemas têm de ser extremamente sensíveis e capazes de oferecer uma proteção fiável tanto contra as falhas da rede como contra as falhas fracas em operações isoladas. Neste estudo de revisão, são discutidas as vantagens e desvantagens de vários planos de proteção existentes para a penetração de energias renováveis de baixa alimentação nas redes eléctricas. O trabalho de investigação realizado em [15] desenvolveu modelos de distribuição com proteção de sobrecorrente de tempo inverso em EMTDC/PSCAD. Avaliando o impacto da introdução de energia solar fotovoltaica na coordenação da proteção contra sobreintensidades. Estes efeitos, conforme observado nas simulações, são influenciados pela localização da unidade fotovoltaica e pelo grau de penetração. O tipo de impacto que o sistema experimenta depende de onde o problema está localizado. No artigo [16] foi representado que a coordenação da proteção é realizada através da adaptação das configurações dos relés para cada modo de funcionamento dos DER (Distributed Energy Resources) utilizando as configurações dos relés convencionais que foram previamente registadas. O DOCR (Diretional Over Current Relay) de backup baseado em sequência negativa sobre corrente melhora consideravelmente a coordenação da proteção. A mudança de fase nas correntes de sequência positiva sobrepostas e pré-falta é utilizada para determinar a direção da falta. O método sugerido é testado usando hardware-in-the-loop num processador dSPACE que é acoplado a um simulador digital em tempo real. Os resultados mostram que a estratégia adaptativa oferece um tempo de operação preciso para os relés primário e de reserva quando comparada com a abordagem convencional. A proteção da microrrede tem de ser oferecida aos principais componentes, como a GD, a linha, as cargas e o PCC [17]. O PCC deve ter relés de sobrecorrente, subtensão, sobretensão, subfrequência e sobrefrequência, bem como um relé de proteção diferencial para o transformador que contém. A proteção diferencial funciona bem como proteção primária e a proteção contra sobrecorrente funciona bem como proteção de reserva para a linha da microrrede. O tipo de proteção ideal para as cargas é a proteção contra sobrecorrente com caraterísticas de tempo inverso. No entanto, depois de examinar as várias estratégias de proteção para as microrredes, é indicado que a proteção adaptativa é a melhor estratégia de proteção porque é a única que tem em conta as alterações dinâmicas do estado da GD. No artigo de investigação [18] são mencionados diferentes métodos para distinguir entre oscilação de potência e falha efectiva. Neste estudo, é apresentado um novo método para diferenciar as condições de oscilação de potência e de defeito nos sistemas eléctricos. O algoritmo sugerido calcula a taxa de variação da tensão e da potência reactiva utilizando sinais de tensão e de corrente. A distinção efectiva entre falhas e condições de oscilação de potência será feita pelas alterações de magnitude de dV/dt e dQ/dt. O PSCAD/EMTDC é utilizado para modelar a rede do sistema elétrico de 220 kV, enquanto o MATLAB é utilizado para conceber e validar o algoritmo. Um conjunto de dados simulados de 200 casos produzidos com vários defeitos e condições do sistema foi utilizado para testar a viabilidade da estratégia proposta. A alteração da carga, a desconexão de uma linha paralela, o isolamento de um defeito numa linha próxima e a perturbação mecânica são utilizados para simular cenários de oscilação de energia. Diferentes localizações, tipos e gravidade das falhas conduzem a diferentes casos de falha. Para apoiar a transmissão de superpotências, a China está a desenvolver uma rede inteligente robusta e um sistema de transmissão de 750/1000 kV. A utilização deste tipo de capacidade de transmissão depende da eficácia da proteção do relé, tendo em conta as restrições de estabilidade transitória. Por conseguinte, é muito importante, de um ponto de vista prático, investigar e construir uma proteção ultra-rápida com tempos de resposta inferiores a 5 ms. O hardware de proteção mais recente tem a capacidade de registar e computar os transitórios de defeito com precisão devido ao avanço das técnicas de sistemas integrados de processadores de sinais digitais (DSP) de alta velocidade e à utilização de sensores ópticos, tal como mencionado no artigo [19]. A técnica matemática conhecida como transformada Wavelet, que é utilizada para examinar as caraterísticas das mudanças rápidas não periódicas de um sinal, oferece um método eficaz para a análise e o cálculo de falhas. O artigo de investigação [20] propôs uma técnica coordenada de proteção adaptativa da distância baseada em PMU. O modelo do sistema de distribuição, que tem uma central eléctrica de ciclo combinado com três turbinas a gás e três parques eólicos, foi utilizado para testar o algoritmo. O esquema de religação automática foi demonstrado e implementado utilizando a transformada discreta de Fourier de ciclo completo modificada com controlo adaptativo do tempo morto. A lógica de deteção de falhas foi baseada na monitorização da trajetória da impedância no diagrama R-X do relé de distância [21]. Os artigos de investigação [22] e [23] representaram o alcance da impedância do relé de distância numérico que foi severamente afetado por vários parâmetros da linha de transmissão. Este trabalho de investigação prova a existência de definições adaptativas das caraterísticas quadrilaterais. Os ajustes adaptativos são preferidos para evitar o efeito de defeito de alta resistência, componente DC e oscilação de potência. O algoritmo MFCDFT foi implementado para estimar com rapidez e precisão o fasor da impedância de defeito para a regulação adaptativa do relé, seguido do método de classificação SVM para a deteção da oscilação de potência. O autor implementou e testou o algoritmo de religação automática para linhas de transmissão juntamente com a técnica de deteção de defeitos MFCDFT [24]. O método de compensação da resistência de defeito e a sua simulação em MATLAB para relés de distância do tipo MHO foram discutidos [25]. Os investigadores provaram que um pequeno valor da resistência de defeito pode fazer com que o relé seja subutilizado quando é utilizado para proteger linhas de transmissão curtas. O relé também pode ser sub-realizado quando a falta se encontra perto do terminal da subestação remota. O atraso no disparo do disjuntor devido ao sub-alcance do relé de distância gerou stress no sistema elétrico durante um longo período de tempo. O artigo [26] apresentou o desempenho dos esquemas convencionais de proteção à distância quando as centrais fotovoltaicas estão ligadas à rede.

O artigo também mostrou a funcionalidade "Fault ride through (FRT)" para controlar o funcionamento do inversor durante condições de falha e simulou um sistema com uma central fotovoltaica para obter uma localização exacta da falha utilizando FRT. O artigo [27] mencionou a integração do sistema FV com a rede de distribuição. No entanto, o impacto da central fotovoltaica e da produção distribuída na linha de transmissão foi discutido no artigo [28]. O sistema de 13 barramentos IEEE, juntamente com as FER, foi simulado para redes de distribuição, analisou o fluxo de potência e investigou o desempenho da proteção à distância com várias condições de carga e de falha [29]. Os desafios da proteção de redes de microrredes e a sua metodologia de superação foram discutidos em artigos de investigação [30-32]. O artigo de revisão [33] mencionou diferentes modos de funcionamento das microrredes e a topologia das redes que foram classificadas para determinar o funcionamento de várias estratégias de proteção. O artigo de investigação [3] apresentou um método de proteção de reserva de redes inteligentes utilizando PMU sincronizadas numa proteção de área alargada. O projeto de proteção reconheceu eficazmente a linha em falta e a área em falta do sistema interligado. O objetivo principal é detetar diferentes localizações de falhas, o tipo de falha do sistema e a eliminação de falhas. Em [34], foram discutidas diferentes técnicas utilizadas para a coordenação da proteção de sistemas de distribuição sem DER e com DER e sistemas de subtransmissão. Devido à penetração dos recursos energéticos distribuídos (DER) nos sistemas de distribuição, surgem novos problemas de coordenação da proteção. Os DER têm uma penetração em grande escala ou uma penetração em pequena escala que influencia a segurança da rede, dependendo da sua dimensão e localização. A penetração em grande escala faz com que a corrente de defeito flua em ambos os sentidos no alimentador maioritário. Nestes cenários de defeito, as actuais técnicas de coordenação da proteção unidirecional pretendida não conseguem resolver o defeito. Na literatura atualmente disponível, estes problemas são resolvidos localizando o impacto do DER e ajustando a regulação da proteção conforme necessário. A fim de preservar a coordenação da proteção sob a integração de DER, o artigo de revisão[34] compila uma avaliação abrangente de todos os esquemas de proteção que têm sido explorados na literatura. Os problemas de proteção resultantes da penetração limitada dos DER são também objeto de análise. A Tabela 2.2 apresenta um resumo dos diferentes esquemas de proteção para a rede de distribuição e a rede de microrredes.

Tabela 2.2. Resumo do esquema de proteção da distribuição e da micro-rede

Sistema	Efeito dos parâmetros	Técnicas aplicadas para ultrapassar o efeito	Ferramenta de software
FV ligado à rede [32]	i) As inversões de potência alteram o nível de corrente de defeito da rede, ii) Possibilidade de tropeçar por simpatia, iii) Redução do alcance dos relés de distância iv) Perda de coordenação do relé, v) Insularidade não intencional, vi)Distorção harmónica	Injetar a quantidade programada de potências reais e reactivas na rede, mantendo o equilíbrio entre as potências de entrada e de saída	MATLAB Simulink
FV integrado na rede [31]	i) Nível de corrente de defeito da rede, ii)Sympathetic Tripping, iii) Redução do alcance dos relés de distância, iv) Perda de coordenação de relés, v) ilhamento não intencional	i) Sistema de proteção adaptável da micro-rede ii) Proteção baseada nas componentes simétricas e nas componentes diferenciais das correntes	-
Sistema de barramento IEEE-5 de 220 KV sem GD[3]	i) o sistema de proteção de segurança era uma das principais causas de viagens indesejadas por causa das cataratas ii) Detetar tipo de falha iii) Identificar a localização da falha	Método de proteção de reserva utilizando PMU sincronizada numa proteção de área alargada	MATLAB Simulink
IEEE 6 BUS com/sem DER [35]	Ponto crítico de falha exato em vez de PCP empírico para coordenação do relé de sobrecorrente	Modifica a matriz de impedância da rede utilizando a abordagem analítica. Utilizou o método GA.	Caixa de ferramentas de otimização MATLAB
BUS IEEE 30 com DER Solar [36]	i) Sistema de distribuição de rede radial convertido em rede em malha ii) Corrente de defeito alimentada por DER de vários lados. iii) O cálculo da coordenação dos relés tornar-se-á complexo	i) Modelo de relé inverso baseado na tensão-corrente ii) Considerar a função logarítmica em vez da função exponencial para melhorar o tempo de serviço e ultrapassar o nível baixo de magnitude da falha	MATLAB
Barramento de 110kV ligado ao PV [28]	i) Diferença de fase da corrente de curto-circuito entre o lado do sistema e o lado da central eléctrica fotovoltaica é diferente quando ocorre uma falha. ii) Falha na seleção de fases	i) Esquema modificado de proteção adaptativa da distância para evitar disparos indesejados da linha de transmissão com PV ii) Para evitar uma	DIgSILENT / Power Factory

	iii) mau funcionamento da proteção do relé de distância da linha de transporte.	seleção de fase errada, sugere-se um seletor de fase baseado na tensão em vez de baseado na corrente	
Nó IEEE 13 com PV integrado [37]	Vários locais, diferentes ângulos de incidência de defeito, impedância de defeito, frequências de amostragem, linha híbrida constituída por secções de linha aérea (OH) e de cabo subterrâneo (UG), diferentes tipos de enrolamento de transformador e presença de ruído	O índice de distribuição de Wigner (WD) e o índice de Alienação (ALN) são utilizados e apresentam um melhor desempenho em comparação com as transformadas DWT, WPT e Stockwell	MiPower e MATLAB

No artigo de investigação [37], o investigador aplicou a função de distribuição de Wigner em redes eléctricas de teste de nós IEEE-13 interligadas com centrais fotovoltaicas. Esta função detectou os tipos de defeito das fases defeituosas com a ajuda do índice de defeito. O desempenho do modelo foi verificado para diferentes localizações de defeito, vários ângulos de incepção de defeito, impedância de defeito elevada, tipos de defeitos e diferentes tipos de enrolamento de transformador. Os algoritmos funcionaram eficazmente para todas as variações dos parâmetros acima referidos. As caraterísticas de defeito da PV são diferentes das caraterísticas da linha de transmissão convencional. A técnica baseada em diferenças de corrente de fase foi analisada e simulada no software PSCAD para a interconexão de 150 mw PV com a rede [38].

Existem muitas outras técnicas simuladas e testadas pelos investigadores, como as técnicas multiagente, as redes neurais artificiais, a lógica difusa, o reconhecimento de padrões, as técnicas de proteção da distância modificadas, as técnicas adaptativas, etc. As técnicas adaptativas e as técnicas modificadas de proteção da distância, bem como as técnicas adaptativas de proteção da distância baseadas na PMU, são preferidas e sugeridas pelos investigadores. No artigo de investigação [26], a transformada de pacotes Wavelet é utilizada para a extração de caraterísticas. Para linhas de transmissão multiterminais, as correntes de fase em cada barramento foram utilizadas para a classificação e deteção de defeitos e as tensões de fase em cada barramento foram utilizadas para a identificação da secção de defeito. As diferentes técnicas de proteção, as suas caraterísticas e limitações e as respectivas medidas corretivas são apresentadas na Tabela 2.3.

2.4 IMPACTO E SOLUÇÕES DA ENERGIA EÓLICA INTERLIGADA AO SISTEMA ELÉCTRICO

Neste globo, o vento existe em todo o lado, utilizando a energia cinética do vento. A energia eólica tem aplicações úteis para as necessidades de energia em zonas remotas, mas deve ser utilizada em conjunto com a rede primária para garantir a continuidade, a máxima estabilidade e a flexibilidade. O padrão geral da tecnologia eólica está a aumentar nos países onde a procura de energia é satisfeita através da queima de combustíveis fósseis[43,44]. Em terra ou nas montanhas, normalmente perto da costa, estes parques eólicos estão normalmente agrupados em torno de estações de rede, enquanto os parques eólicos marítimos estão submersos nas profundezas do oceano. O aumento da velocidade consistente do vento em águas profundas abrandou a adoção da tecnologia offshore nos últimos anos [45,46].

Quadro 2.3 Caraterísticas da metodologia de proteção e suas limitações

Regime de proteção	Caraterísticas	Aplicável a	Método operacional	Limitação
Técnica de proteção adaptativa [39]	i) Compatibilidade da configuração do relé com as condições do sistema de energia, sistema em linha ii) Abordagens menos complicadas com uma implementação razoável dos custos.	Micro-rede, rede de distribuição e de linhas de transmissão	Relé A definição muda consoante o estado da rede	É necessário ter um conhecimento prévio das configurações da rede eléctrica para efetuar cálculos de fluxo de potência e de curto-circuito
Técnica de proteção diferencial [40]	i) É mais adequado para detetar falhas de terra a jusante. ii) Imune a variações de direção e magnitude do fluxo de corrente. iii) Alto desempenho para falhas de alta impedância	Modo isolado, menor corrente de defeito A rede preferirá	Comparação (diferença) da corrente de entrada e saída de uma zona	i) Não pode ser adequado para falhas a montante. ii) Problemas devido a desequilíbrios e transientes
Proteção baseada na tensão	i) Aplicável a falhas internas e externas. ii) Efetuar transformações abc-dq0 na forma de onda da tensão para identificar o tipo e a localização do defeito de curto-circuito. iii) Conceção de sistemas de corte de carga e de prevenção de	Micro-rede	Componente simétrica da tensão	i) pode não ser viável com a reconfiguração das redes. ii) As quedas de tensão podem criar erros e podem funcionar mal em qualquer perturbação da tensão. iii) O HIF não pode ser detectado iv) Fraca precisão nos sistemas de energia ligados à rede e variáveis.

	apagões.			
Proteção baseada na corrente	Os relés de sobreintensidade podem ser modificados com elementos de direção.	Microrrede, isolada, sistema de distribuição	Componentes de corrente sistémica.	i) Necessidade de atualização das infra-estruturas, incluindo os canais de comunicação, ii) É necessária uma proteção de segurança para um funcionamento seguro durante uma falha de comunicação, iii) dispendioso em comparação com os sistemas convencionais.
Proteção baseada na impedância (Proteção à distância)	Identificar a localização de falhas em sistemas radiais	Micro-rede, Rede de distribuição	Impedância medida com valores limiares	i) Os relés estão equipados com um elemento de impedância e um elemento direcional para identificar a ocorrência e a direção da falha. ii) Precisão afetada por harmónicas e transientes iii) Erros devidos à impedância de defeito , iv) Não é eficaz para linhas curtas
Proteção multiagente	i)Esta técnica foi desenvolvida para problemas de sobrecorrente e frequência. ii) Utiliza o protocolo de comunicação IEC 61850 GOOSE.	Micro-rede, Sistema de distribuição	Funcionam utilizando agentes distribuídos que podem ser software ou hardware, conhecidos como IDE	Se o número de agentes aumentar, a complexidade e o custo do protocolo de comunicação também aumentam.
Proteção de área ampla	Utilizar o controlo de supervisão e aquisição de dados (SCADA) e os dispositivos electrónicos inteligentes (IED) para recolher valores medidos numa área mais	Micro-rede, Sistema de distribuição	Dispositivo SCADA e IED utilizado.	O método de proteção adaptativo ou multiagente é necessário como método de proteção de reserva em caso de falha de comunicação.

	vasta e realizar acções de proteção com base nos dados.			
Energia diferencial	Utilizou dados de ambas as extremidades do alimentador defeituoso e submeteu-os à transformada S para obter a energia diferencial. Utilizado para identificar padrões de falhas e é comparado com padrões predefinidos para diferentes cenários de falhas.	Micro-rede	Comparação de dados em ambas as extremidades da zona de falha	É necessário um maior número de dados para formular contornos de energia diferencial e para tomar uma decisão
Classificado r SVM	i) Penetração em massa da DG ii) Diferentes tipos de anomalias de funcionamento condições iii) Diferenciar de forma inteligente entre mau funcionamento e falha	Linha de distribuição e de transporte	Funciona através do desenho de limites de decisão entre pontos de dados e da seleção do limite de decisão que melhor separa os pontos de dados em classes	Mais caro
PNN	i) Rede de avanço multicamada com quatro camadas ii) As redes PNN geram pontuações exactas de probabilidade de objectivos previstos.	Classificaçã o e análise de falhas	Utilizando a função de distribuição de probabilidade dos pais de cada classe	As PNN são mais lentas do que as redes perceptron de várias camadas na classificação de novos casos. O PNN requer mais espaço de memória para armazenar o modelo.
ANN[39]	i) Parâmetros distribuídos da transmissão linha é considerada ii) Nível de carga do parque eólico	Distribuição , linha de trans- missão	Neurónios artificiais para classificação, reconhecimen to de padrões, modelo	i) Necessidade de grande espaço de armazenamento. ii) Os impactos da resistência a falhas não foram tidos em

	iii) Rápido, preciso e adaptável por natureza.		estatístico não linear.	consideração
A árvore de decisão inclui a regra Fuzzy baseada na proteção diferencial	i) Contribuição muito reduzida da corrente de defeito por DFIG ii) Centrado na rapidez de funcionamento iii) Fiável para redes complexas.	UPFC ligado à linha de transmissão	Extração de caraterísticas diferenciais	É necessário um cabo de comunicação.
Técnica baseada em Fuzzy.	Uma lógica difusa pode monitorizar continuamente o estado da fonte FER, o fasor de tensão com base na técnica DFT e atualizar as definições de pickup e TDS com base nas alterações da rede.	Sistema de distribuição e transmissão	Regras difusas e seleção da função de membro adequada	i) A identificação de todas as potenciais tipologias de rede é difícil ii) Abordagem adequada para uma topologia de rede limitada

Em média, os parques eólicos offshore têm capacidades nominais mais elevadas do que os parques onshore. O critério de Betz é o coeficiente de potência máxima (Cpmax). De acordo com Betz, uma turbina eólica só pode converter um máximo de 59,26% da energia cinética disponível do vento.

A única gama de eficiência para as turbinas eólicas actuais é de 40% a 50% [47,48]. De acordo com um instituto de investigação europeu, a análise estatística das falhas das turbinas eólicas deve-se principalmente a falhas nos sistemas eléctricos [49]. Há diferentes factores que afectam os sistemas de proteção das linhas de transmissão quando integradas com fontes de energia renováveis. A variação dos parâmetros do vento afecta significativamente o alcance da proteção à distância da linha de transporte. O comportamento em curto-circuito é completamente diferente nos geradores eólicos de indução em comparação com os geradores síncronos convencionais, o que é um dos aspectos importantes para decidir as caraterísticas da proteção à distância. As caraterísticas da proteção à distância são também afectadas por parâmetros como a localização do defeito, a velocidade do vento, o acoplamento mútuo, a resistência ao defeito, etc., na presença de sistemas eólicos [50]. Os parques eólicos com uma enorme capacidade e a rede eléctrica ligada têm um impacto substancial no estado estável e no funcionamento fiável da rede eléctrica. Um dos problemas mais significativos é produzido pelo facto de a qualidade da tensão na área adjacente diminuir consideravelmente devido a uma alteração na produção de energia do parque eólico ligado à rede. A potência reactiva do sistema pode flutuar como resultado de uma rede eléctrica interligada, o que pode subsequentemente ter impacto na tensão do sistema e mesmo resultar em colapso da tensão [51]. Para evitar que o problema da estabilidade da potência reactiva dos parques eólicos restrinja o desenvolvimento da energia eólica, em especial a capacidade de construir parques eólicos de elevada capacidade, os investigadores devem implementar um esquema aceitável de compensação da potência reactiva. O impacto das turbinas eólicas na proteção do sistema elétrico está a ganhar importância à medida que a penetração da energia eólica na rede se expande significativamente. Numa rede, os curto-circuitos podem assumir muitas formas diferentes [52]. Desde um defeito monofásico à terra provocado por árvores que crescem numa linha eléctrica aérea até um defeito bifásico e um curto-circuito trifásico com baixa impedância no próprio curto-circuito, variam em gravidade [53]. Muitas destas faltas são resolvidas pela proteção do relé do sistema de transmissão, quer por interrupção e restabelecimento rápido, quer por desligamento do equipamento em falta após alguns milissegundos. A consequência final é sempre um curto período de baixa ou nenhuma tensão seguido de um período subsequente de restauração da tensão [54,55]. Nos últimos anos, muitos investigadores têm-se concentrado na resolução dos problemas de proteção, utilizando relés numéricos associados ao processamento de sinais e a técnicas de aprendizagem automática. A identificação e a discriminação rápidas e precisas de defeitos são o principal objetivo dos relés de proteção numéricos.

No artigo [56], é apresentada uma revisão exaustiva da deteção, classificação e localização de diferentes falhas. Este artigo serve de orientação para os investigadores que trabalham neste domínio. Ao longo dos anos, muitas técnicas de aprendizagem automática e de classificação foram desenvolvidas, testadas e implementadas no sistema de energia eléctrica. Algumas delas são mencionadas no artigo de investigação [56]. Em [57], foi implementada uma técnica de retropropagação baseada numa rede neural artificial (RNA). O modelo de função de reconhecimento de padrões sintácticos foi utilizado de forma eficiente para a deteção de defeitos em linhas de transmissão. Além disso, a linguagem de descrição de hardware VHSIC (VHDL) foi implementada em modelos de sistemas de energia para medição dos parâmetros do sistema [58]. No artigo de investigação [59], a Deep Neural Network (DNN) foi aplicada para a deteção e classificação de defeitos. No caso da deteção de falhas, os investigadores investigaram os efeitos de dois hiperparâmetros, o número de camadas ocultas e o número de neurónios na última camada oculta, no desempenho das redes. O autor concluiu que, ao aumentar o tamanho da rede, a precisão da deteção de defeitos não melhorava acima de um determinado nível. Koley et al. [60] aplicaram a técnica SVM para a deteção de defeitos e a técnica RNA para a localização e classificação de defeitos numa linha de transmissão trifásica de 400 kV com circuito duplo e carga linear e não linear, com melhor precisão. Muitas outras técnicas são apresentadas na Tabela 2.2 e na Tabela 2.3.

2.5 IMPACTO E SOLUÇÕES PARA A INTERCONEXÃO DA ENERGIA FOTOVOLTAICA COM O SISTEMA ELÉCTRICO

O Sol é a fonte de energia mais abundante e gratuita, persistindo durante milhares de milhões de anos. As necessidades energéticas globais anuais da vida moderna são 10 000 vezes superiores à radiação solar que a Terra recebe num ano [61]. Além disso, apenas um quarto da radiação total que atinge as superfícies cobertas do planeta é necessária para satisfazer as necessidades energéticas do mundo. Se os cientistas conseguirem criar as ferramentas técnicas para que a energia solar produza eletricidade, esta tem um enorme potencial para satisfazer todas as necessidades energéticas do mundo [62]. A energia solar é a fonte fundamental de outras fontes de energia renováveis, como a energia eólica, a bioenergia, a energia dos oceanos e os combustíveis fósseis. Desde a antiguidade, as pessoas utilizam diretamente a energia solar para aquecer as suas casas e preparar os seus alimentos. Os cientistas e engenheiros têm dado muita importância à ideia de converter a energia solar em várias formas, principalmente para gerar eletricidade. A luz e o calor são duas formas de energia solar que chegam à Terra. A tecnologia fotovoltaica utiliza a luz solar para produzir eletricidade. A produção de eletricidade depende mais da concentração da luz solar do que de qualquer influência do calor [63]. Os componentes básicos dos sistemas fotovoltaicos para a produção de eletricidade são uma matriz composta por células fotovoltaicas (dispositivo semicondutor), inversor, equipamento de armazenamento, equipamento de controlo e monitorização do estado da energia e equipamento de carga [64]. Os conversores e inversores são utilizados na produção de energia solar e eólica. O inversor é o componente-chave de base [65]. Os inversores classificam-se em inversores autónomos e inversores ligados à rede. O inversor autónomo funciona de forma autónoma em relação à rede. Tem um gerador de frequência interno para adquirir a frequência de saída necessária, enquanto o inversor ligado à rede deve ser capaz de se integrar adequadamente com a rede, tanto em termos de tensão como de frequência [66]. O inversor tem as seguintes funções quando interligado à rede: 1) Converter CC em CA, 2) MPPT (maximum power point tracking) que fornece sempre a saída máxima, 3) Fornecer proteção à PV e à rede, 4) Comunicação e monitorização dos parâmetros do sistema. Os IGBT (transístores bipolares de porta isolada) são utilizados como dispositivos de eletrónica de potência em inversores máximos devido às suas capacidades máximas de tensão e corrente, mas os IGBT tendem a causar falhas devido à pressão eléctrica excessiva encontrada em muitas aplicações. Ao longo dos anos, foram desenvolvidos vários métodos para a deteção e classificação de defeitos em linhas de transmissão e sistemas de distribuição. O artigo de revisão [67] apresenta diferentes técnicas de deteção e classificação de defeitos em PV. Este artigo de revisão também concluiu que a aprendizagem automática quântica pode ser uma tendência futura para a deteção e classificação de defeitos. Vários artigos de investigação relacionados com a deteção e classificação de defeitos em sistemas de energia na presença de fontes de energia renováveis, como a identificação de anomalias no sistema fotovoltaico com base na taxa de variação da tensão e na trajetória da corrente [68], o modelo baseado em neurofuzzy apresentado no artigo [69], um modelo de rede neural probabilística (PNN) subjacente em [70], o modelo de rede neural de convolução (CNN) é construído com base num módulo de estrutura de quatro camadas que identifica os diferentes tipos de falhas FV com elevada precisão de deteção [71], técnicas de otimização [72], wavelet com máquina de vectores de suporte (SVM) [73], método estatístico [74], técnica de aprendizagem automática baseada em floresta aleatória (RF) proposta em [75] para deteção e classificação de falhas. Gomathy, V. e Selvaperumal, S. apresentaram técnicas integradas de deteção e classificação de avarias para avarias em circuito aberto e curto-circuito de inversores trifásicos.

Os investigadores desenvolveram técnicas RVM (Relevance vetor machine) e Fuzzy para a classificação de falhas. Verificam também o desempenho destes métodos com técnicas de otimização evolutiva por enxame de partículas e pesquisa de cucos [76]. O diagnóstico de falhas envolve tanto a deteção como o isolamento de falhas. O artigo de investigação [77] mostra o método da rede neural de convolução que dá melhores resultados em comparação com qualquer método convencional de aprendizagem automática no caso da deteção de alimentadores com defeito. A deteção de avarias em sistemas fotovoltaicos exige a compreensão do comportamento dos parâmetros corrente-tensão sob uma variedade de condições ambientais. Este artigo apresenta um método de rede neural probabilística para detetar e classificar defeitos em sistemas fotovoltaicos [78]. A estimativa, a modelação e a previsão de sistemas fotovoltaicos recorrem amplamente a métodos de aprendizagem automática. O artigo de investigação [79] propõe a deteção de avarias em módulos e agregados fotovoltaicos utilizando o método ANN. Os algoritmos baseados em redes neuronais de convolução são implementados para a classificação de defeitos em sistemas de rede de distribuição e atingem uma precisão superior a 99% [80]. O resumo dos principais problemas de proteção do sistema de energia e das técnicas de atenuação é apresentado na Tabela 2.4.

Tabela 2.4. Resumo dos desafios da proteção do sistema elétrico, sua mitigação e limitações com as FER [42].

Desafios da proteção	Técnicas de atenuação	Limitação
Falso Tripping/ Tropeço simpático	Relé direcional	Ineficiente para redes em malha e estrutura RES não uniforme.
Variação da corrente de defeito (aumento/diminuição corrente de defeito)	Limitador de corrente de defeito (indutivo, resistivo, condensador em série controlado por tiristor)	Aumento da dimensão, do custo e do número de FCL com uma maior penetração da DG
Fora de sincronia Re-closing/ Problema com o religador automático	Proteção anti-ilhamento	Aplicável a micro redes e sistemas de distribuição com GDs de pequena escala
Fluxo de corrente inversa	Elemento direcional com relé de sobrecorrente.	Não é eficiente para uma grande rede.
Proteção contra a cegueira	FCL, Proteção contra subtensão	A complexidade será maior com a dimensão da rede
Excesso/ Proteção ao alcance da mão	Esquema adaptativo de proteção à distância/ Proteção multicamadas	No caso das camadas múltiplas, a coordenação e a comunicação entre cada uma delas é um processo fastidioso

2.6 DETECÇÃO E CLASSIFICAÇÃO DE FALHAS EM RELÉS INTELIGENTES

As linhas de transporte são a parte essencial da rede que leva a eletricidade produzida pelas centrais eléctricas até às cargas. Para garantir a fiabilidade e a segurança do sistema, as linhas de transporte de energia devem ser protegidas. Os relés electromecânicos, electrónicos, digitais, numéricos e os modernos relés inteligentes são um desenvolvimento no domínio dos sistemas de proteção dos sistemas de energia e, especificamente, na proteção das linhas de transporte.

Os relés de distância são utilizados para a proteção primária e de reserva de linhas de transmissão. Uma representação da não linearidade do mapeamento entre os sinais de entrada e o objetivo de saída está incluída na componente de tomada de decisão no relé de distância. As técnicas de Inteligência Artificial (IA) têm potencial para melhorar o desempenho dos esquemas de relés de distância. As técnicas de IA são utilizadas para identificar defeitos, como a deteção de defeitos de alta impedância, a deteção de defeitos simétricos durante a oscilação de potência, a deteção de oscilações de potência e a classificação de defeitos ou a seleção de fases. Os trabalhos de investigação efectuados sobre todos os problemas acima referidos são mencionados a seguir.

- <u>Deteção de defeitos de alta impedância (HIF):</u> Quando os condutores em tensão de uma linha de transmissão entram em contacto com uma superfície de elevada impedância, como cascalho, solo seco, asfalto ou estradas de betão, ou quando o condutor em tensão encontra uma superfície deste tipo, ocorre uma HIF. A HIF não é detectada pela técnica convencional de proteção à distância. Como resultado, a criação de um método rápido, preciso e fiável para a deteção de defeitos de alta impedância continua a ser um desafio na proteção de linhas de transmissão.

- Deteção de oscilações de potência: A oscilação de potência na rede é o efeito de uma alteração súbita na carga ou na configuração da rede do sistema de energia, tal como a alteração da potência mecânica de entrada na turbina, o disparo de uma das linhas paralelas devido a um defeito e uma carga excessiva inesperada. O comportamento típico da oscilação de potência é análogo a um defeito trifásico simétrico da rede que poderia disparar involuntariamente o relé de distância. Para evitar a instabilidade da rede do sistema elétrico, é crucial distinguir prontamente e com precisão entre as condições de defeito e de oscilação de potência. Os métodos tradicionais de deteção de oscilação de potência não têm definições precisas e exigem muita investigação sobre a estabilidade de um sistema de energia [72].

O artigo [73] também apresenta a falha de seleção de fase. A deteção e a classificação de várias condições de defeito num sistema solar ligado à rede são descritas utilizando uma abordagem de proteção baseada na entropia do espetro singular de multi-resolução wavelet e em máquinas de vectores de apoio. Para extrair as caraterísticas-chave da tensão PCC como dados de entrada para uma máquina de vectores de apoio que possa responder à deteção e classificação de defeitos, é utilizada a entropia de espetro singular multi-resolução wavelet, um composto de transformada wavelet e entropia de espetro singular multi-resolução. Os resultados mostram que a entropia de espetro singular de multi-resolução wavelet não é sensível ao ruído e a mudanças rápidas nos sinais e tem a capacidade de detetar diferentes tipos de falhas na rede a diferentes distâncias e em circunstâncias variadas.

O esquema de proteção é bem sucedido na deteção, classificação e identificação de secções de vários tipos de defeitos, como indicado em [81]. Além disso, no artigo [82], os autores propuseram um esquema de proteção baseado na transformada wavelet packet adaptativa para uma linha de transmissão compensada em série. Além disso, o método direcional [83] é utilizado para identificar a direção do defeito na presença de uma compensação série. O método depende tanto do ângulo das correntes de sequência positiva (PS) como da magnitude da tensão PS. O desempenho do sistema foi investigado em condições de ruído [81-83], em que o ruído branco Gaussiano contaminou os sinais de defeito registados medidos no ponto de relé. Na literatura, considera-se uma relação sinal-ruído (SNR) de 30-60 dB. A falta L-G com resistência de falta de 10 Ω foi utilizada para efetuar o teste de ruído. O resultado mostra que o índice de defeito é superior ao limiar com sinal de ruído, pelo que o esquema de proteção proposto não é afetado pelo sinal distorcido na presença de sinal gravado, como indicado no artigo [81-83]. No entanto, a precisão da técnica baseada no WT é afetada pelos sinais de ruído de alta frequência penetrados durante a decomposição dos sinais de corrente. O mesmo não é muito afetado pelas técnicas de classificação baseadas em NN, SVM e RVM.

2.7 APLICAÇÃO DA APRENDIZAGEM PROFUNDA AO SISTEMA DE ENERGIA ELÉCTRICA

Os recentes avanços no sector dos sistemas de energia, que podem integrar as áreas de utilização, produção e armazenamento de energia, levaram ao aparecimento do conceito de rede inteligente. A fim de poupar energia e maximizar a sua utilização, estas redes exigem flexibilidade na produção e distribuição de energia a um nível sem precedentes. Além disso, em resultado dos recentes avanços no domínio das redes inteligentes, como a desregulamentação da rede eléctrica, a procura persistente de uma melhor qualidade e eficiência da rede, o crescimento da produção distribuída, o dimensionamento das interligações e o intercâmbio de energia entre empresas de serviços públicos, é agora essencial desenvolver tecnologias de planeamento, operação e controlo do sistema de energia. Numerosas aplicações de IA, incluindo métodos de ML (aprendizagem automática) e DL (aprendizagem profunda), podem ajudar significativamente a resolver os problemas actuais [84]. Em Yu et al. [85], é descrita uma estratégia combinada que utiliza DNNs baseadas em WT para a deteção de falhas em microrredes, incluindo a categorização de tipos de falhas, a identificação de fases de falhas e a deteção de localizações de falhas. Em Zhang et al.[86], a falha de disparo da linha é prevista para a fiabilidade operacional e a estabilidade de um sistema elétrico utilizando algoritmos LSTM (redes de memória de curto prazo) e SVM. De acordo com os resultados extensivos, as DNN são utilizadas nesta indústria tanto para a proteção de equipamento elétrico, como turbinas eólicas, caixas de velocidades de turbinas eólicas, transformadores e células de combustível, como para a proteção de sistemas de energia. Os autores de Wang et al.[87] criaram um quadro baseado em Feed forward DNN para monitorizar e detetar avarias em caixas de velocidades de turbinas eólicas (WT) utilizando informações sobre a pressão do lubrificante a partir de dados SCADA. Em comparação com cinco metodologias de benchmarking baseadas em dados, o método DNN produz resultados de previsão mais exactos. Para as caixas de velocidades da unidade de tração das turbinas eólicas, Cheng et al.[88] propõem os algoritmos Stacked auto encoder e SVM utilizando um sinal de corrente do rotor. Zheng et al. introduzem um modelo único de deteção de furto de eletricidade baseado numa CNN ampla e profunda para proteger a rede inteligente [89]. A componente profunda da CNN é treinada em dados bidimensionais de consumo de energia porque consegue distinguir com precisão entre a periodicidade da utilização normal da eletricidade e a não periodicidade do furto de eletricidade. A componente larga, que constitui uma camada totalmente ligada de redes neuronais, memorizou o conhecimento global dos dados unidimensionais de consumo de eletricidade. Malof et al. utilizam uma CNN diferente para encontrar painéis solares fotovoltaicos em imagens de satélite [90]. Numa área de superfície de 135 km^2 , o estudo de amostra envolve a estimativa de cerca de 2700 painéis fotovoltaicos individuais dispersos. O modelo CNN sugerido é capaz de generalizar e não se ajusta demasiado ao conjunto de treino. O algoritmo CNN profundo é utilizado para avaliar a capacidade das baterias de iões de lítio [91]. Apesar das suas deficiências, como a sua aplicação em ambientes com temperatura ambiente variável, a técnica proposta atinge uma precisão bastante promissora. Uma abordagem híbrida que combina DL e RL foi examinada pela primeira vez em relação à otimização de redes inteligentes por Mocanu et al. [92]. François et al. [93] sugerem uma abordagem de conceção híbrida "Deep Reinforcement Learning" como solução para o problema da tomada de decisões sequenciais. Estes métodos orientados para os dados baseiam-se na análise de dados que utiliza estatísticas computacionais e extração de dados [94, 95]. O mapeamento das funções entre as entradas e as saídas do sistema é efectuado através de uma aprendizagem supervisionada que utiliza dados de formação rotulados. Se os dados de treino incluírem casos suficientes para satisfazer uma variedade de condições reais, o desempenho do treino será aceitável. Para identificar e classificar as condições de falha, as redes neuronais artificiais (RNA) têm sido frequentemente utilizadas como uma técnica de aprendizagem supervisionada [96]. Os conjuntos de dados que não foram rotulados nem classificados são utilizados na aprendizagem não supervisionada. A RNA pode agrupar os dados em diferentes classes, examinando os conjuntos de dados em busca de semelhanças e diferenças. O artigo de revisão [97] resumiu pormenores sobre técnicas de proteção relacionadas com linhas de transmissão, geradores síncronos, transformadores de potência e medidas de proteção específicas e de integridade do sistema. Também mostra os desafios que impedem que as abordagens de ML sejam amplamente utilizadas em cenários práticos, para além das oportunidades actuais.

2.8 RESUMO

Existem diferentes métodos, que são implementados por muitos investigadores, para identificar e classificar defeitos na rede de transmissão e distribuição de energia. O objetivo deste trabalho de investigação é analisar os diferentes desafios de proteção desenvolvidos quando existem defeitos na rede com a presença de fontes de energia renováveis solar e eólica. Muitos dos desafios e das suas soluções já foram referidos no capítulo 1. Este capítulo apresenta a revisão da literatura sobre estes desafios e as suas soluções em pormenor.

CAPÍTULO-3

DESENVOLVIMENTO DE MODELOS DE REDES DE SISTEMAS ELÉCTRICOS MODELOS EM PSCAD

3.1 SOFTWARE DE SIMULAÇÃO PSCAD/EMTDC

O PSCAD é a poderosa ferramenta de simulação de interface gráfica do utilizador que inclui transientes electromagnéticos com DC. É um software eficaz que permite ao utilizador construir um diagrama esquemático, executar uma simulação, analisar os resultados, criar um módulo ou componente de biblioteca definido pelo utilizador, animação de parâmetros de saída e gerir os dados num ambiente gráfico completamente integrado. Além disso, possui contadores, controlos e funções de gráficos online que permitem ao utilizador alterar as definições do sistema durante a execução de uma simulação. O software também inclui elementos passivos e funções de controlo, modelos mais complexos, como linhas de transmissão, disjuntores, dispositivos FACTs, máquinas eléctricas, dispositivos de proteção, etc. O módulo Multi Run também está disponível para captar dados em tempo real e guardá-los em ficheiros de saída PSCAD para análise posterior. A análise de um defeito numa linha de transmissão com relé de distância utilizando o PSCAD/EMTDC de um sistema de 3 BUS é mencionada abaixo. Do mesmo modo, os dados relativos a defeitos na distribuição e na micro-rede podem ser analisados de forma semelhante.

3.2 SIMULAÇÃO DO RELÉ DE DISTÂNCIA PARA O SISTEMA CONVENCIONAL UTILIZANDO O SOFTWARE PSCAD

Os relés de distância actuam em resposta a alterações na relação entre a corrente e a tensão medidas, e medem a impedância desde o local do relé até ao local do defeito. A impedância da linha de transmissão aumenta com o comprimento, a região protegida de um relé de distância estende-se desde a posição do relé até ao seu ponto de alcance. Portanto, a impedância medida pelo relé é comparada com o valor do ponto de ajuste para verificar se ocorreu um defeito na zona protegida. Um defeito será detectado e o disjuntor abrirá se a impedância medida for menor que a impedância ajustada. Se estiver fora da zona, o relé não actua. A falta de alcance é um dos problemas dos relés de longa distância. Isto pode acontecer se o TC for forçado a entrar em saturação, o que diminui a corrente secundária e aumenta a impedância que o relé mede. Como resultado, o relé pode calcular incorretamente que um defeito para além do ponto definido para esse relé abrirá o disjuntor porque a impedância medida pode parecer ser superior ao valor de impedância definido. A proteção de três zonas é mais frequentemente utilizada em relés MHO para proteção à distância. A, B e C são o diagrama unifilar (SLD) da linha de transmissão de três barramentos apresentado na Figura 3.1 As protecções Zona-1, Zona-2 e Zona-3 são as três zonas Z1b1, Z2b1 e Z3b1 que formam a proteção de distância para o barramento A (disjuntor B1). Do mesmo modo, todos os barramentos da subestação estão a funcionar em três zonas.

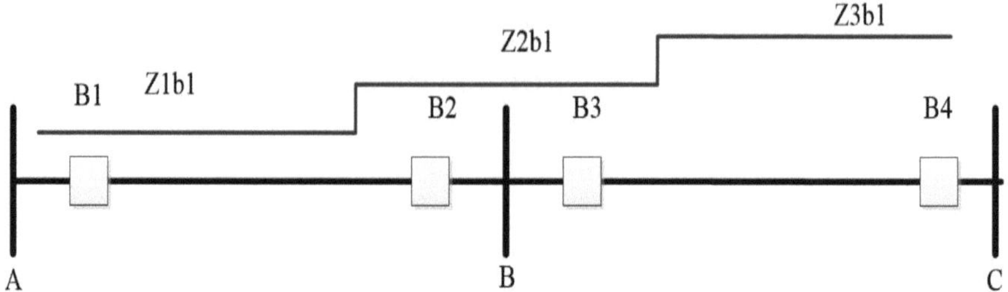

Figura 3.1 Proteção da zona do relé de distância

A Zona-1 é normalmente definida para 80% do comprimento da linha protegida. A distância da Zona-1 é escolhida entre 80 e 90% da linha, não 100%, para evitar a perda de discriminação, problemas de alcance insuficiente ou falsos disparos. Para erros do relé, do transformador de corrente (TC), do transformador de potencial (TP), efeitos de entrada ou saída e imprecisão no cálculo da impedância da linha, é necessária uma margem de segurança de 10 a 20%. Se for considerado um comprimento de linha de 100% e ocorrer um defeito nas linhas adjacentes devido a um erro dos instrumentos de medição (CT/PT), o relé detectará um defeito na linha protegida. Como resultado, o relé não funcionará corretamente. A Zona-2 está definida para cobrir um intervalo de 120% da linha protegida ou 100% da linha protegida mais 50% da linha próxima mais curta, o que for maior. A Zona-2 é utilizada para fornecer proteção de reserva a 50% da linha adjacente. É referida como um elemento de extensão excessiva, uma vez que foi concebida para cobrir o barramento da extremidade remota. O tempo de operação da zona-2 não é instantâneo como o da zona-1. Leva um certo tempo antes de emitir um sinal de disparo. A zona-3 é coberta a 100% do comprimento da linha, para além de 100% da linha adjacente mais longa. Fornece proteção de reserva à linha adjacente. Os ajustes da zona-3 devem ser examinados em linhas muito carregadas para verificar se há invasão de carga. As limitações da proteção à distância incluem (1) não pode proteger instantaneamente linhas curtas devido às caraterísticas muito pequenas do relé, (2) não pode proteger instantaneamente todo o comprimento da linha, e (3) terá um disparo retardado ou não detectará alguns dos defeitos de alta impedância. Vários parâmetros, como a resistência de defeito, a localização do defeito, os tipos de defeito, o ângulo de início do defeito, as fontes renováveis ligadas à rede ou em modo isolado, a oscilação de potência e a compensação de linha, são afectados pelas definições do relé MHO na proteção à distância.

A Figura 3.2 mostra uma linha de transmissão de 100 km de comprimento, duplamente alimentada a 230 kV, 50 Hz, ligada entre o BUS-1 e o BUS-2. Também está ligada outra linha de 100 km entre o BUS-2 e o BUS -3. O modelo Borgen da linha de transmissão é utilizado na simulação. A fonte CA está ligada ao barramento 1 e ao barramento 3, enquanto a carga de 75 MW e 10 MVAR está ligada ao barramento 2.

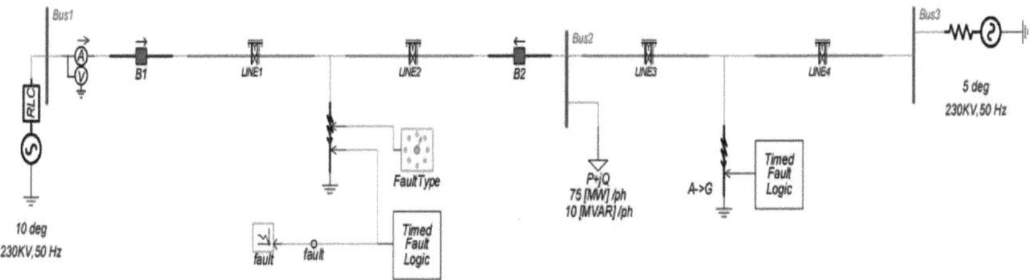

Figura 3.2 Realização do sistema de 3 barramentos no PSCAD/EMTDC

A falha ocorre a 70 km de distância, num comprimento de linha de 100 km. Trata-se de 70% da linha protegida, pelo que a falha ocorre na zona-1. Como mostra a figura 3.3, o tipo de defeito é selecionado LL (defeito B-C). Para analisar o efeito de diferentes defeitos no comprimento da linha, é utilizado um comutador seletor de tipo de defeito (mencionado na figura 3.2) que pode selecionar linha à terra (L-G), linha à linha (LL), linha dupla à terra (LL-G), linha trifásica à terra (LLL-G), etc., tal como mencionado no painel de controlo e na nota adesiva da figura 3.3. O tempo de início de defeito e o valor da resistência de defeito são definidos utilizando a lógica de defeito temporizado e o bloco de defeito trifásico, conforme mencionado na figura 3.2. Como indicado na figura 3.2, os sinais de tensão e de corrente são medidos por meio de instrumentos de medição. Os sinais de tensão e de corrente são enviados para o primeiro bloco, como indicado na figura 3.3, que inclui a transformada rápida de Fourier (FFT) e o bloco conversor de componentes de sequência.

Os sinais de tensão e os sinais de corrente têm componentes dc decrescentes, componentes de frequência de ordem superior e componentes de frequência de ordem inferior quando uma linha de transmissão sofre um defeito. A precisão do relé digital é afetada por isto. Portanto, os componentes dc-offset são frequentemente removidos usando a transformada discreta de Fourier. A transformada de Fourier é uma abordagem mais rápida para calcular a DFT de forma eficaz. A FFT diminui a necessidade de memória e de cálculo de operações aritméticas. O bloco FFT no PSCAD/EMTDC é utilizado pela técnica de modelação do relé mho para extrair a fase e a magnitude da tensão e da corrente (componente de frequência fundamental). Como se mostra na Figura 3.3, os sinais de saída da FFT são dados como sinais de entrada no bloco de componentes de sequência para facilitar a análise do defeito.

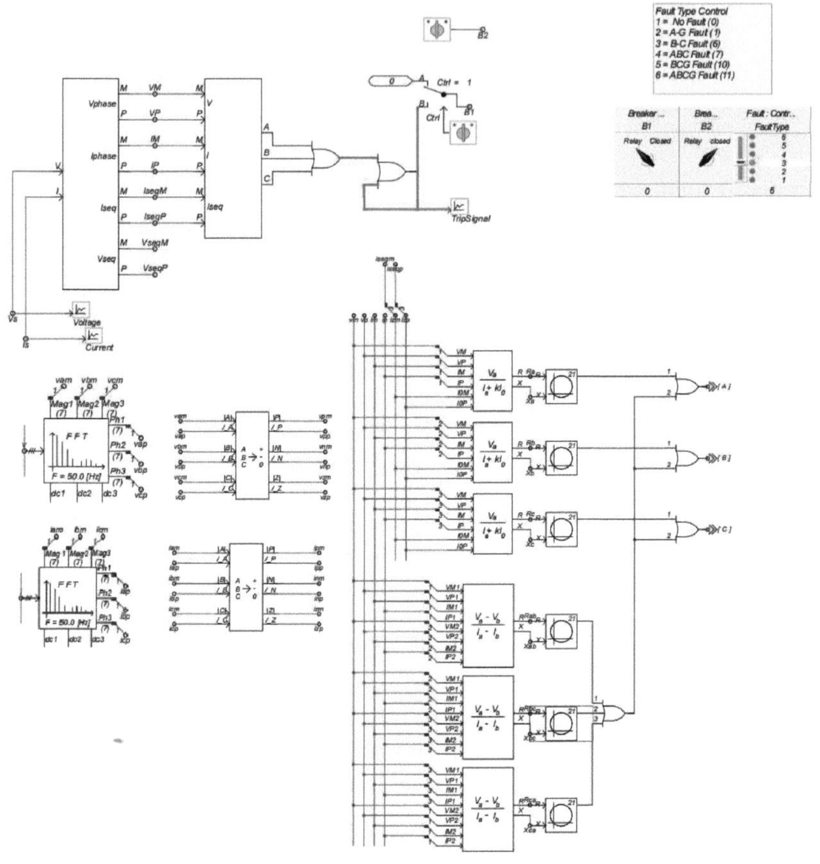

Figura 3.3 Diagrama esquemático do circuito de disparo do relé MHO

Um sistema trifásico desequilibrado é convertido em dois conjuntos de fasores equilibrados e um conjunto de fasores monofásicos ou componentes simétricos (componentes de sequência positiva, negativa e zero). Estes elementos permitem encontrar facilmente falhas e outras análises de desequilíbrio em sistemas de energia.

A caraterística MHO do relé de distância depende do rácio da tensão e da corrente e do ângulo de fase entre elas. Ela é plotada em um diagrama R/X como mostrado na Figura 3.3. A Tabela 3.1 representa as equações para o cálculo da impedância de falta simétrica e assimétrica. Tal como se refere na Figura 3.4, os valores de regulação das zonas de proteção à distância são calculados e os valores da resistência (círculo R) e da reactância (círculo X) são também introduzidos no esquema de proteção à distância para cada zona, a fim de realizar e traçar a caraterística.

Tabela 3.1 Cálculo da impedância de defeito para todos os defeitos simétricos e assimétricos

N.º Sr.	Elementos de distância	Equação
1	Fase A	$V_A/(I_A + 3kI)_0$
2	Fase B	$V_B/(I_B + 3kI)_0$
3	Fase C	$V_C/(I_C + 3kI)_0$
4	Fase A-Fase B	$(V_A - V_B)/(I_A - I)_B$
5	Fase B-Fase C	$(V_B - V_C)/(I_B - I)_C$
6	Fase C -Fase A	$(V_C - V_A)/(I_C - I)_A$

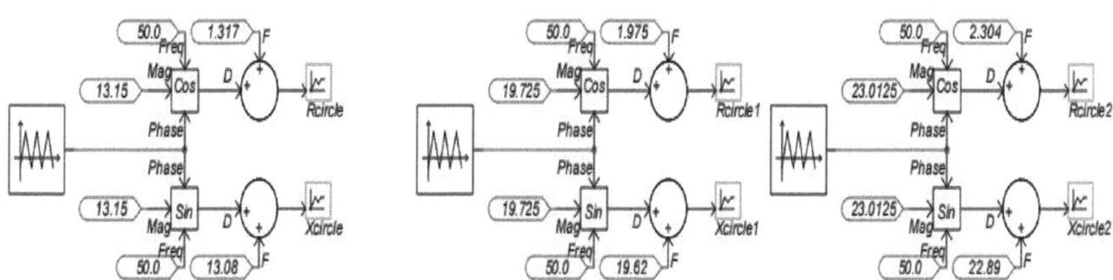

Figura 3.4 Definição da zona de proteção da distância no PSCAD

A caraterística MHO e outros parâmetros da forma de onda da linha de transmissão duplamente alimentada para defeitos LG são mencionados na Figura 3.5.

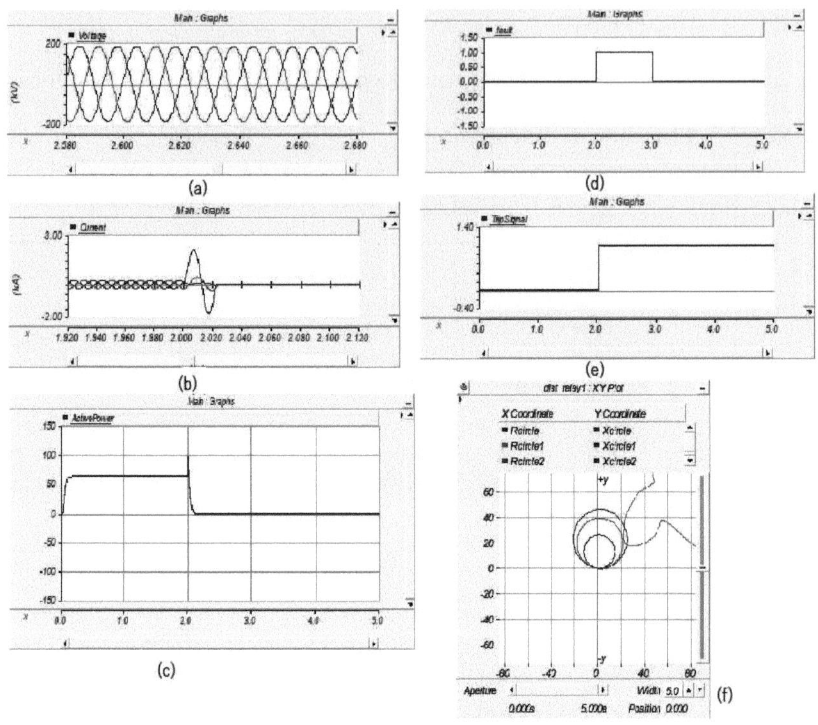

Figura 3.5 Forma de onda da saída do relé MHO da linha de transmissão duplamente alimentada

A figura 3.5 mostra (a) a tensão final de envio, (b) o sinal de corrente final de envio, (c) a potência ativa, (d) o sinal de defeito que indica o tempo de início e a duração do defeito, (e) o sinal de disparo, (f) a caraterística do relé MHO. Num determinado caso de estudo, o defeito ocorre aos 2 segundos, localização do defeito - 70 km (70% do comprimento da linha protegida). Trata-se de um defeito de zona-1, pelo que o relé gera um sinal de disparo instantâneo, como se mostra na Figura 3.5 (e). As caraterísticas MHO da Figura 3.5 (f) representam o defeito na zona-3 em vez da zona-1. A caraterística é mostrada na zona-3 devido ao valor da resistência de falta de 18Ω.

Do mesmo modo, o esquema de proteção à distância do sistema IEEE 9-BUS foi implementado no software PSCAD/EMTDC. Neste esquema, é adicionado um bloco de execução múltipla para captar os sinais de tensão e de corrente da extremidade emissora e da extremidade recetora com variação de vários parâmetros, como a resistência de defeito, o ângulo de início do defeito, os tipos de defeito, o ângulo de carga, etc.

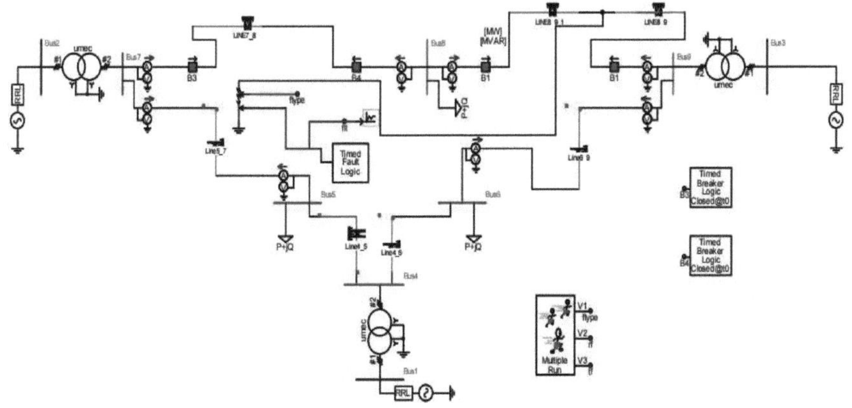

Figura 3.6 Esquema do barramento IEEE 9 utilizando o PSCAD

Tabela 3.2 Valores R e XL para zonas de proteção à distância do esquema de barramento IEEE 9

Linha		Comprimento (Km)	Zona1 (80%)		Zona2 (120%)		Zona3 (140%)	
De	Para		R (Ω)	XL (Ω)	R (Ω)	XL (Ω)	R (Ω)	XL (Ω)
4	5	89.93	2.12	15.02	3.17	22.53	3.70	26.29
4	6	97.336	3.60	16.26	5.40	24.39	6.30	28.45
5	7	170.338	6.77	28.45	10.16	42.68	11.85	49.80
6	9	179.86	8.27	30.05	12.41	45.07	14.48	52.58
7	8	76.176	1.80	12.73	2.70	19.09	3.15	22.27
8	9	106.646	2.52	17.82	3.78	26.72	4.40	31.18

A tabela 3.2 representa o valor da resistência e da reactância da zona-1, zona-2 e zona-3 para todas as linhas de transmissão do esquema IEEE 9 BUS. A Tabela 3.3 mostra a impedância de sequência zero e de sequência positiva do esquema IEEE 9 BUS e também o valor de k, que é utilizado para o cálculo da impedância de defeito da proteção à distância. Os resultados representam o efeito da variação da resistência de defeito nas caraterísticas da proteção à distância. O relé funcionou mal na segunda ou na terceira zona, como se pode ver na Figura 3.8 e na Figura 3.9, respetivamente, apesar de o defeito se encontrar na primeira zona, devido ao aumento do valor da resistência de defeito. Da mesma forma, a variação de outros parâmetros da rede do sistema elétrico pode enfraquecer o desempenho do relé em condições de defeito, especialmente com a penetração de fontes renováveis na rede. Isto pode criar um problema de sub-alcance e sobre-alcance dos esquemas de proteção na linha de transmissão.

Tabela 3.3 Valores de impedância de sequência positiva e zero para zonas de proteção de distância do esquema de barramento IEEE 9

Linha		Comprimento (Km)	Z_0 (Ω)	Z_1 (Ω)	$K = (Z - Z_{01})/Z_1$
De	Para				
4	5	89.93	124.20	37.92	2.28
4	6	97.336	151.28	41.63	2.63
5	7	170.338	272.00	73.12	2.72
6	9	179.86	305.46	77.91	2.92
7	8	76.176	105.27	32.12	2.28
8	9	106.646	147.38	44.98	2.28

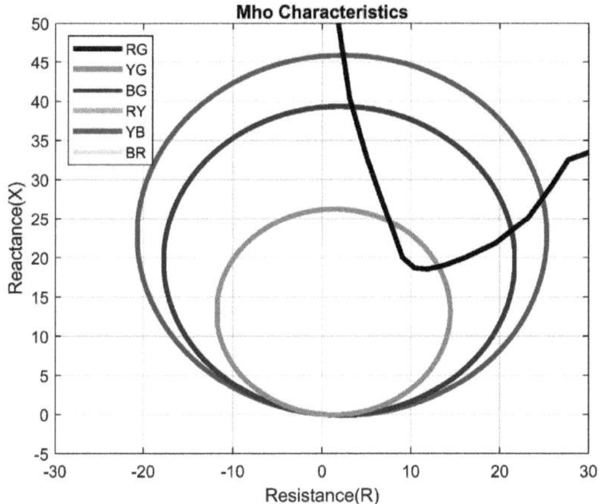

Figura 3.7 Falha L-G a 70 km, resistência da falha 5Ω

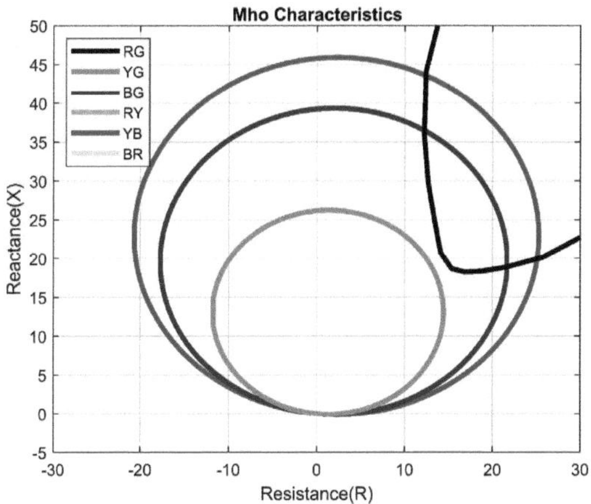

Figura 3.8 Falha L-G a 70 km, resistência da falha 10Ω

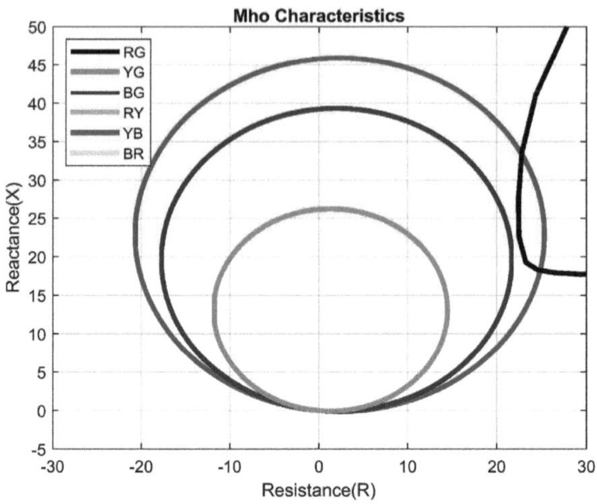

Figura 3.9 Falha L-G a 70 km, resistência da falha 18Ω

O conceito de relé de distância é um sistema de proteção frequentemente utilizado para a proteção de linhas de transmissão e subtransmissão de alta e extra-alta tensão (MAT) devido à sua rápida velocidade de eliminação do defeito em relação aos relés de sobrecorrente. Para identificar a zona de proteção, um relé de distância calcula a distância eléctrica ao defeito e compara o resultado com um limiar estabelecido. Os relés de distância passaram por uma evolução de hardware, passando de eletromecânicos para estáticos e para digitais (baseados em microprocessadores). Os relés de distância identificam a linha defeituosa e o tipo de defeito quando ocorre um defeito na linha de transmissão eléctrica, no entanto, podem atingir uma distância inferior ou superior, dependendo da carga anterior ao defeito, da resistência ao defeito e das alimentações na extremidade remota, conforme mencionado acima.

As técnicas de IA constituem um avanço significativo na análise de avarias, uma vez que podem extrair automaticamente caraterísticas adequadas de grandes conjuntos de dados, tal como mencionado na pesquisa bibliográfica. Para generalizar, os modelos de diagnóstico de avarias baseados em IA existentes dependem de uma quantidade substancial de dados recolhidos numa variedade de circunstâncias de avarias. De facto, é um desafio especificar e, consequentemente, compilar as caraterísticas iniciadas por falhas de todos os cenários de falha prováveis quando as fontes de energia renováveis são penetradas nas linhas de transmissão, distribuição e micro-rede.

3.3 PROPOSTA DE MODELAÇÃO DO SISTEMA DE BARRAMENTO IEEE-9 INTEGRADO COM O SISTEMA DE ENERGIA EÓLICA

A Figura 3.10 mostra um diagrama unifilar da rede do sistema de energia eléctrica IEEE 9 bus 230kV considerada para os estudos de simulação. O sistema de 9 barramentos IEEE é composto pelos geradores G1, G2 e pelo gerador eólico G3, seis linhas de transmissão, três transformadores e três cargas ligadas aos barramentos 4, 5 e 8. Os geradores G1 e G2 são modelados como uma fonte dinâmica equivalente que consiste num sistema multi-máquinas ligado aos barramentos 1 e 2, respetivamente. O gerador G3 é um modelo de turbina eólica de tipo 3 utilizado como fonte de energia renovável (parque eólico), que é intermitente na produção de eletricidade. O impacto da produção eólica é mais pronunciado para os Geradores de Turbina Eólica Tipo III (WTGs) e, especialmente, quando o parque eólico é ligado à linha sem a instalação de relés adicionais em ambos os lados do ponto de ligação. O impacto desta penetração varia de um atraso no funcionamento a uma falha no funcionamento do sistema de proteção. Quando os GTT estão integrados, a contribuição da corrente de curto-circuito é limitada pelos seus controladores. Além disso, o gerador de indução do GTT de tipo III fornece um caminho para a corrente de sequência negativa, o que resulta num erro na medição da distância pelo relé em comparação com outro tipo de GTT. O WTG de tipo III é utilizado neste estudo e o seu impacto é incluído na geração de dados de acordo com o tipo de parque eólico, o tipo de defeito, a localização do defeito e o nível de produção eólica. O modelo de Bergeron com parâmetros distribuídos foi utilizado para a modelação das linhas de transmissão. O sistema, incluindo o sistema de produção, a linha de transmissão, o transformador e os parâmetros da carga ligada, é apresentado no apêndice.

3.3.1 Recolha de dados em sistemas eólicos integrados

Foi utilizada uma frequência de amostragem de 4 kHz a uma frequência nominal de 50 Hz. O passo do gráfico do canal foi adotado como 250 μs, ou seja, 80 amostras/ciclo. Os dados pós-falta foram capturados com dispositivos de medição como CVT e CT. A mesma configuração é utilizada normalmente em relés digitais disponíveis no mercado. Foram simulados todos os dez tipos de defeitos na linha entre o barramento 8 e o barramento 9 em vários locais, com diferentes valores de resistência de defeito, ângulos de início de defeito e ângulos de fluxo de potência, incluindo um grande número de defeitos internos. Para cada caso, os valores de tensão e corrente são medidos e guardados como um ficheiro de dados do software PSCAD. Da mesma forma, foram também simuladas falhas externas fora da linha entre os barramentos 8 e 9, incluindo a localização no barramento 8, no barramento 9, na linha entre os barramentos 7 e 8 e na linha entre os barramentos 6 e 9, juntamente com todos os parâmetros de falha interna acima mencionados.

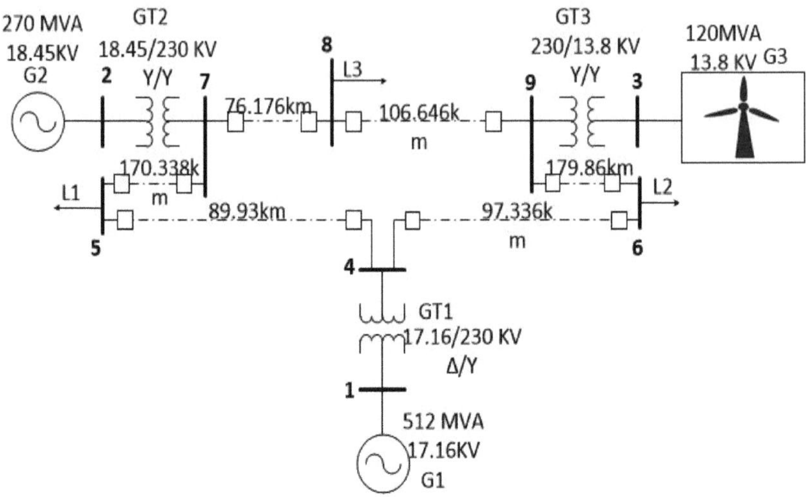

Figura 3.10 SLD de uma rede de alimentação de 9 barramentos IEEE com integração de WES

3.4 PROPOSTA DE MODELAÇÃO DO SISTEMA DE BARRAMENTO IEEE-9 INTEGRADO COM O SISTEMA FOTOVOLTAICO

Os vários componentes são utilizados em sistemas FV ligados à rede. O diagrama unifilar IEEE 9 BUS integrado nos sistemas FV é apresentado na Figura 3.11.

3.4.1 Matriz fotovoltaica

Uma célula fotovoltaica só pode produzir muito pouca energia. As células solares são ligadas eletricamente em série e em paralelo para formar um painel solar ou módulo FV. Estes painéis fotovoltaicos produzem a potência e a tensão de saída para aplicações ligadas à rede ou de alta potência. Os painéis fotovoltaicos são constituídos por estas combinações, que são designadas por módulos fotovoltaicos. São utilizadas muitas topologias para criar sistemas fotovoltaicos integrados em edifícios e sistemas solares em telhados. Os painéis solares são ligados em série para aumentar a tensão e em paralelo para aumentar a corrente, formando o conjunto fotovoltaico. A Tabela 3.4 mostra os diferentes valores dos parâmetros em série e em paralelo para gerar tensão CC utilizando células solares.

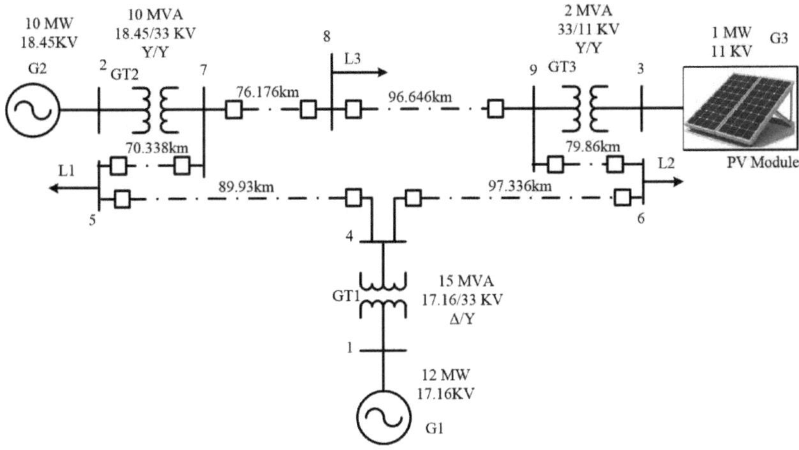

Figura 3.11 SLD da rede de sistema de energia de 9 barramentos IEEE integrada com PV

3.4.2 Conversor Boost

Existem duas funções cruciais desempenhadas pelos conversores DC-DC boost. A primeira é a integração de matrizes fotovoltaicas com a rede através do inversor e a segunda é identificar o ponto de potência máxima (MPP) na curva I-V utilizando determinados algoritmos de controlo MPPT adequados. O MPPT é utilizado para maximizar a potência de saída e aumentar a eficiência do sistema fotovoltaico. O controlo do ponto de potência máxima é o processo de seguir o ponto de potência máxima da curva FV, independentemente das variáveis climáticas, como a temperatura e a irradiância. Para obter o máximo de potência do sistema solar fotovoltaico, é necessário manter o ponto de funcionamento no ponto de potência máxima utilizando uma abordagem MPPT adequada. No seguimento elétrico, são utilizadas muitas técnicas para seguir a curva I-V. Se um sistema funcionar com uma tensão abaixo do ponto ótimo, aumentando a tensão terminal com uma irradiação solar constante e uma corrente de saída constante do módulo FV. O conjunto fotovoltaico aumenta assim a potência de saída até atingir o ponto máximo [76]. O conversor Boost é utilizado aqui para converter a tensão DC flutuante de baixo nível numa tensão DC constante de alto nível. Para determinar o impulso de comutação do conversor Boost, a potência de referência do MPPT é comparada com a potência da ligação CC e compara o sinal de erro dado ao controlador PI.

Tabela 3.4 Parâmetros do painel fotovoltaico

N.º Sr.	Parâmetros do painel fotovoltaico	Quantidade
1	Número de módulos ligados em série por matriz	44
2	Número de cadeias de módulos em paralelo por matriz	1000
3	Número de células ligadas em série por módulo	108
4	Número de cadeias de células em paralelo por módulo	16

O sinal da portadora e o sinal de saída do controlador PI geram o ciclo de funcionamento do conversor de impulso. As abordagens MPPT são categorizadas de acordo com várias caraterísticas, incluindo variáveis de controlo, circuitos, custos e metodologias de controlo. Todas as estratégias descritas variam em termos de complexidade, velocidade de convergência, precisão de seguimento, custo e outros factores. Perturb and Observe (P&O), Hill Climbing e Incremental Conductance (INC) são frequentemente implementadas para aplicações ligadas à rede e autónomas do ponto de vista das aplicações. Além disso, existem técnicas alternativas como a tensão de circuito aberto e a corrente de curto-circuito que são vantajosas para aplicações de baixo custo, uma vez que requerem menos sensores. Neste caso, são utilizados algoritmos de rastreio de perturbações e de observação para o conversor de impulso CC-CC.

3.4.3 Inversor FV trifásico

Para interligar diretamente os sistemas fotovoltaicos à rede eléctrica, é necessário converter a tensão CC em tensão CA trifásica utilizando um inversor. Os IGBTs são utilizados como comutadores nos inversores devido à sua velocidade de comutação mais rápida. Um circuito amortecedor é ligado em paralelo com o comutador, o que ajuda a suprimir os grandes picos de tensão que se verificam nos comutadores. Existem duas abordagens diferentes utilizadas para converter a tensão CC em tensão CA trifásica. Sistema de inversor FV de circuito aberto e sistema de inversor FV de circuito fechado.

3.4.3.1 Sistema de inversor fotovoltaico de circuito aberto

Não existe feedback entre o sinal de saída e a frequência de comutação do IGBT, pelo que é designado por sistema FV de circuito aberto. Um sistema FV de circuito aberto utiliza a técnica SPWM para converter a alimentação CC do conjunto FV em alimentação CA trifásica. Como indicado na Figura 3.12, foram aplicados impulsos de porta para comutar os IGBT utilizando impulsos quadrados que são gerados a partir do impulso triangular de referência em comparação com a forma de onda sinusoidal de referência.

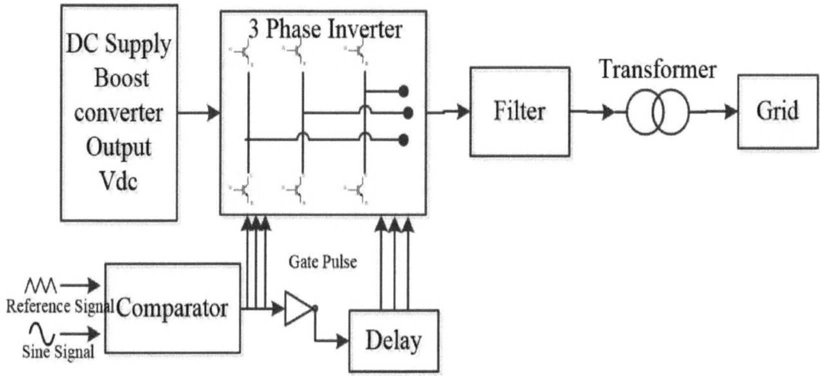

Figura 3.12 Diagrama de blocos do inversor trifásico utilizando a técnica SPWM

A frequência e a amplitude de saída do inversor são determinadas pela frequência de comutação (frequência do impulso triangular). No PWM sinusoidal, a largura de cada impulso varia proporcionalmente à amplitude da onda sinusoidal medida no centro do impulso. Em cada meio ciclo, são formados alguns impulsos através da modulação. As larguras dos impulsos são comparáveis à amplitude equivalente de uma onda sinusoidal nessa secção do meio ciclo, porque os impulsos próximos das extremidades do meio ciclo são continuamente mais estreitos do que os impulsos próximos do centro do meio ciclo.

A tecnologia do circuito de bloqueio de fase (PLL), que extrai e segue com rapidez e precisão a informação do ângulo de fase da tensão da rede, é amplamente utilizada para melhorar o desempenho dos inversores fotovoltaicos ligados à rede. Para reduzir os harmónicos e integrar com a rede na frequência fundamental, é necessário um filtro. Também é necessário fazer corresponder o valor da amplitude do transformador elevador.

3.4.3.2 Sistema de inversor fotovoltaico de circuito fechado

Um sistema de inversor de circuito fechado é implementado no PSCAD utilizando um controlador PI. Para fornecer um impulso de porta a 6 IGBT ligados em paralelo com díodos para proteção dos interruptores da eletrónica de potência. A saída do filtro é utilizada como feedback e fornecida ao controlador PI para ajustar o impulso de porta do IGBT de acordo com os requisitos.

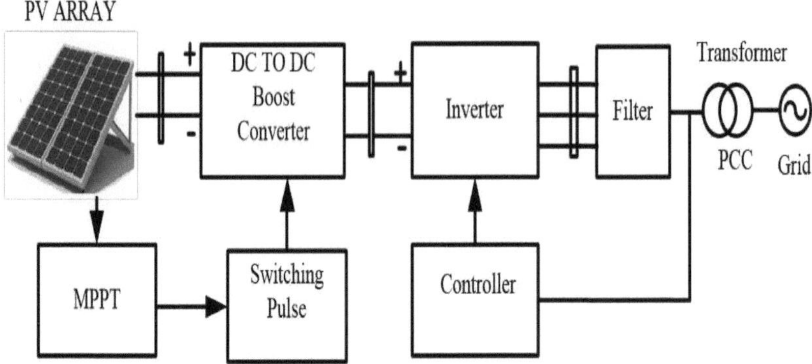

Figura 3.13 Diagrama de blocos do sistema fotovoltaico em circuito fechado

O diagrama de blocos do sistema fotovoltaico é apresentado na Figura 3.13. A frequência de comutação é fixada em 8 kHz, a mesma de um sistema inversor de circuito aberto. A modelação do filtro LCL inclui um filtro passa-baixo que filtrará os componentes de alta frequência (harmónicos) de modo a obter uma boa qualidade da corrente alternada na rede. O transformador é utilizado na saída do filtro para aumentar a tensão para ligar o sistema fotovoltaico à rede, como se mostra na Figura 3.11 e na Figura 3.13. Os controladores proporcionais integrais (PI) ajustam os parâmetros dos três reguladores. O impulso de comutação PWM é gerado comparando a forma de onda de modulação com a forma de onda portadora triangular. O bloco de execução múltipla está disponível no software PSCAD/EMTDC para captar todos os valores do canal de saída para diferentes variações de parâmetros de diferentes localizações de falhas externas e internas geradas na rede eléctrica sem e com a presença de fontes de energia renováveis, respetivamente. Lógica para gerar defeitos em diferentes linhas dentro e fora da zona com base na seleção do disjuntor. O componente de seleção do disjuntor é adicionado ao circuito e desenvolve a lógica com base na qual os respectivos disjuntores são ligados e desligados.

3.4.4 Recolha de dados com rede fotovoltaica integrada

Os dados pós-falta são capturados a uma taxa de amostragem de 4kHz utilizando dispositivos de medição, os mesmos que foram discutidos no artigo sobre sistemas integrados de energia eólica, 80 amostras por ciclo. Este estudo envolve dez tipos de defeitos na linha entre os barramentos 8 e 9 em vários locais, com resistências de defeito variáveis, ângulos de início de defeito, ângulos de fluxo de potência, temperatura e irradiância das células fotovoltaicas, incluindo muitas simulações de defeitos internos para os quais as tensões e correntes nas extremidades emissora e recetora são medidas e guardadas no software PSCAD como ficheiros *.dat. O modelo de defeito fora da zona é implementado da mesma forma que o modelo de defeito dentro da zona, incluindo a localização do defeito fora da zona no barramento 8, no barramento 9, na linha entre os barramentos 7 e 8 e na linha entre os barramentos 6 e 9, juntamente com todos os parâmetros mencionados acima para o modelo de defeito dentro da zona. O bloco de execução múltipla é utilizado para captar e definir vários parâmetros FV. As localizações das falhas são alteradas automaticamente utilizando um componente de seleção de disjuntor. Trata-se de um bloco definido pelo utilizador e inserido na simulação. Diferentes casos de um total de 17520 falhas dentro da zona e 16080 falhas fora da zona, respetivamente, a 25°C de temperatura das células fotovoltaicas e 1000w/m^2 de irradiância solar como STC (condição de teste padrão). Além disso, são efectuados 5670 casos de simulação de falhas dentro da zona e 6900 casos de simulação de falhas fora da zona a 28°C de temperatura das células fotovoltaicas e 1200w/m^2 de irradiância solar. Estes casos foram investigados para o modelo proposto, dos quais 11520 (65,75% do total de casos In-zone) e 10080 (62,69% do total de casos Out-of-zone) foram utilizados para o processo de treino, enquanto que 6000 (34,25% do total de casos In-zone) e 6000 (37,31% do total de casos Out-of-zone) foram utilizados para testar e validar o modelo proposto. Da mesma forma, 3750 (66,16%) falhas In-zone e 4500 (65,22%) falhas Out-of-zone são geradas a 28°C de temperatura das células fotovoltaicas e 1200w/m^2 irradiância solar para treinar o modelo. Para verificar a exatidão do modelo treinado, foram utilizados conjuntos de dados de teste de 1920 (33,84%) defeitos na zona e 2400 (34,78%) defeitos fora da zona.

3.5 PREPARAÇÃO DO CONJUNTO DE DADOS PARA CLASSIFICAÇÃO E DETECÇÃO DE FALHAS

A figura 3.14 mostra o fluxograma da preparação de dados para a classificação e deteção de defeitos em sistemas de transmissão e distribuição com e sem a presença de fontes de energia renováveis. Para evitar os problemas de proteção e implementar a técnica de deteção e classificação de defeitos, o primeiro passo é recolher as tensões e correntes de envio e receção em múltiplas variações de parâmetros e guardar em ficheiros PSCAD *.out. Todos os números de sequência e dimensão das saídas dos canais são guardados no ficheiro *.infx. Abrir e ler ficheiros *.out para todas as amostras no MATLAB 2018. Preparar o conjunto de dados de treino e de teste de acordo com o formato exigido e utilizá-lo posteriormente para os algoritmos de deteção de avarias.

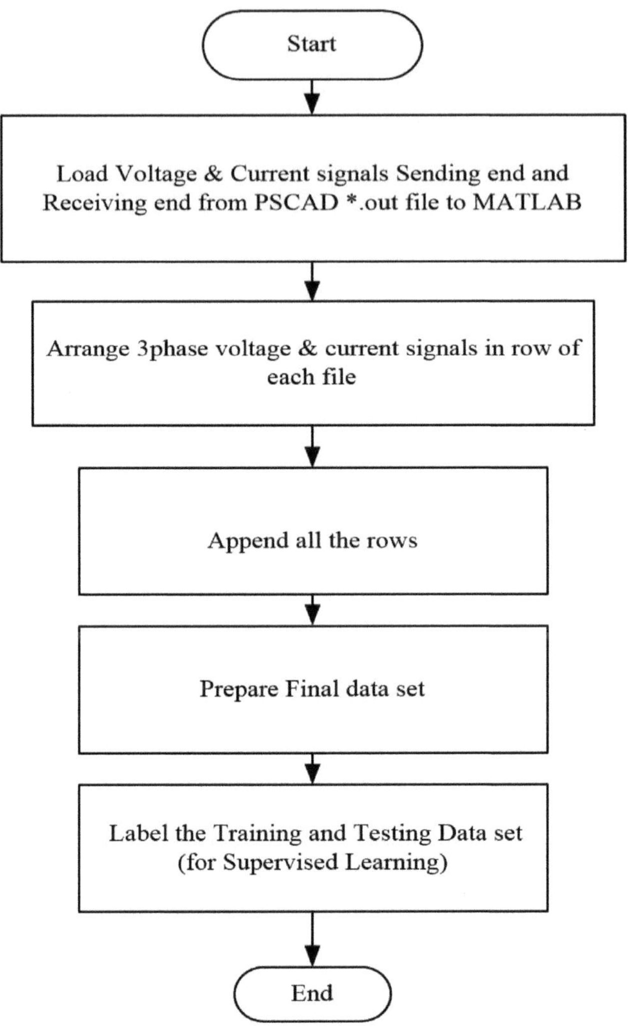

Figura 3.14 Fluxo de preparação de dados para a classificação e deteção de falhas

3.6 RESUMO

Neste capítulo, são discutidas a simulação e a análise de sistemas de barramento IEEE 9 integrados com e sem RESs. Também é apresentado como preparar o conjunto de dados para o método de classificação e deteção de falhas utilizando o software PSCAD e MATLAB. A implementação do conversor e do inversor do sistema fotovoltaico e a sua análise de simulação são discutidas aqui

CAPÍTULO-4

CLASSIFICAÇÃO E DETECÇÃO DE FALHAS UTILIZANDO TÉCNICAS DE APRENDIZAGEM AUTOMÁTICA

4.1 ABORDAGEM AI PARA DETECÇÃO E CLASSIFICAÇÃO DE FALHAS

As técnicas de classificação de avarias baseiam-se em algoritmos de classificação e de aprendizagem estatística, enquanto algumas das técnicas se baseiam na lógica. A figura 4.1 mostra o procedimento de classificação e deteção utilizando um modelo de IA. O diagrama de blocos do modelo de IA para classificar os defeitos nas linhas eléctricas é descrito a seguir.

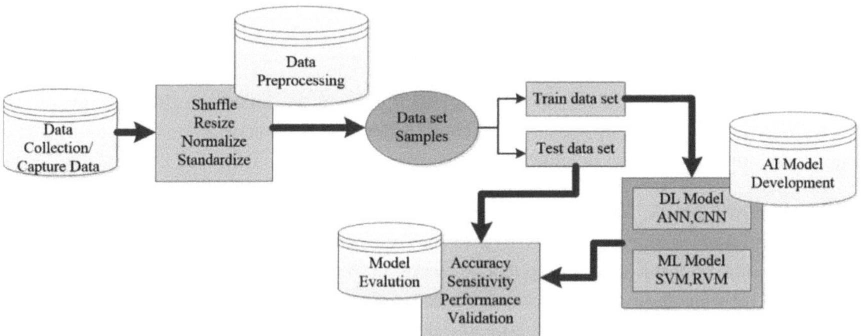

Figura 4.1. Diagrama de blocos para o modelo de algoritmo de IA de classificação de avarias

4.1.1 Técnicas de recolha de dados

Para captar e recolher os dados, é necessário ter em conta os seguintes pontos

- Identifique as caraterísticas, caraterísticas ou etiquetas exactas de que o seu conjunto de dados necessita para treinar corretamente o modelo de IA. Especifique a estrutura, o formato e as normas de qualidade dos dados. Tenha também em conta elementos como a exatidão, a consistência, a exaustividade e a relevância dos dados para o problema.

- Selecionar as técnicas de recolha de dados adequadas a partir das fontes selecionadas. Isto pode implicar a introdução manual de dados, a raspagem da Web, a recolha de dados API, o registo de dados utilizando sensores ou outro hardware, a extração de dados de bases de dados já existentes ou a anotação de dados por humanos.

- Estabelecer os requisitos de dados para o modelo de IA. A quantidade de dados necessários pode variar consoante a complexidade do problema, a variabilidade dos dados e o potencial de generalização do modelo de IA. É frequente conseguir-se um melhor desempenho do modelo com conjuntos de dados maiores, mas a recolha e o tratamento de grandes quantidades de dados pode consumir muito tempo e recursos.

- Garantir o cumprimento das normas éticas e da legislação relativa à privacidade dos dados. Respeitar a privacidade dos utilizadores, obter os consentimentos necessários e, se necessário, tornar anónimos ou desidentificar dados sensíveis. Observar as normas éticas na recolha e utilização de dados, especialmente quando se trata de dados sensíveis ou pessoais.

- Uma vez recolhidos os dados, estes são pré-processados para extrair as suas caraterísticas e manter a sua qualidade. O pré-processamento de dados é um método utilizado para transformar os dados brutos num formato eficaz e útil para qualquer algoritmo baseado na classificação.

- A recolha de dados inclui também o processo de documentação e armazenamento de dados. A recolha de dados é muitas vezes um processo iterativo.

4.1.2 Pré-processamento de dados

O pré-processamento divide-se em três categorias.

- O processo de limpeza de dados é necessário para os dados em falta, ruidosos ou irrelevantes. O processo de limpeza consiste em ordenar ou dividir os dados em segmentos e também em substituir os dados ruidosos por valores médios ou de fronteira.

- A transformação de dados consiste em transformar os dados numa forma adequada. Os dados devem ser apropriados para o processo de extração de dados. Os processos de normalização ou padronização são aplicados ao conjunto de dados. Os dados normalizados são tipicamente recomendados quando os dados estão a ser utilizados para análise multivariada. A normalização de dados, um subconjunto do escalonamento de caraterísticas, só é necessária quando a distribuição dos dados não é clara ou não é gaussiana. Este tipo de estratégia de escalonamento é aplicado quando os dados têm um âmbito diversificado e os algoritmos estão a ser treinados nos dados.

- A redução de dados é necessária para tratar, processar e analisar uma enorme quantidade de conjuntos de dados. A transformada Wavelet e a análise de componentes principais são técnicas eficientes utilizadas para comprimir o tamanho dos dados sem perda de informação. A recuperação de dados sem perdas significa reconstruir o conjunto de dados original a partir do conjunto de dados comprimido sem perder informação.

Existem diferentes formas de extrair caraterísticas das quais a normalização dos conjuntos de dados foi selecionada para o modelo proposto. Antes de aplicar algoritmos de aprendizagem automática e de aprendizagem profunda, os conjuntos de dados de treino e de teste foram normalizados utilizando a Equação 4.1 para evitar problemas de subajuste. O subajuste destruirá a precisão do modelo. O pré-processamento dos pontos de dados, a remoção do ruído dos dados é o principal requisito para o modelo que não se ajusta bem ao conjunto de dados [59]. Os valores de entrada de treino e de teste são redimensionados utilizando a Equação 4.1. O processo de normalização melhorará a precisão dos algoritmos de deteção e classificação de falhas em redes de sistemas de energia.

$$u_i = \frac{(u_i - u_{min})}{(u_{max} - u_{min})} \tag{4.1}$$

Onde, u_i são os valores de entrada das tensões e correntes da extremidade emissora e da extremidade recetora pós-falta, u_{max} e u_{min} são os valores máximo e mínimo dos parâmetros de entrada, respetivamente.

Após o pré-processamento, os conjuntos de dados de treino e de teste são divididos para os modelos de classificação. Aqui, no momento da simulação, os conjuntos de dados de treino e de teste já são preparados separadamente, conforme discutido no Capítulo 3, pelo que não é necessário dividi-los novamente. Após o pré-processamento, o modelo é treinado utilizando técnicas de aprendizagem automática e de aprendizagem profunda.

4.1.3 Técnicas de IA para classificação de falhas

As técnicas de classificação de avarias são geralmente classificadas em três partes.

- As técnicas proeminentes são técnicas bem conhecidas que são frequentemente utilizadas para classificar defeitos em linhas de transmissão, tais como a abordagem Wavelet, a abordagem de rede neural artificial (RNA) e a abordagem de lógica difusa [41].

- As técnicas híbridas são uma combinação de duas ou mais técnicas bem conhecidas, como a técnica Neuro-Fuzzy, a técnica Wavelet e ANN, a técnica Wavelet e Fuzzy-Logic, a técnica Wavelet e Neuro-Fuzzy.

- As técnicas modernas são as máquinas de vectores de apoio (SVM), o algoritmo genético, a transformada Wavelet discreta (abordagem DWT), o esquema de proteção baseado na unidade de medição de fasores (PMU), o método baseado na árvore de decisão, as medições multi-informação, a estimativa rápida de componentes de fasores, a função baseada na distância euclidiana, a abordagem de reconhecimento de padrões, etc. Estas técnicas são aplicadas com base na aplicação.

4.1.4 Avaliação do modelo de IA

- Dividir o conjunto de dados disponíveis em subgrupos para formação, validação e teste. Os dados de validação são utilizados para ajustar os hiperparâmetros do modelo e fazer juízos durante a formação, os dados de formação são utilizados para formar o modelo e os dados de teste são utilizados para avaliar o desempenho final do modelo.

- Para obter uma avaliação mais fiável do modelo, utilizar a abordagem de validação cruzada. Utilizar as visualizações relevantes, como as matrizes de confusão, as curvas precisão-recuperação, as curvas ROC ou os gráficos de calibração, para mostrar o desempenho do modelo.

- A análise de erros e as questões de sobreajuste ou subajuste devem ser consideradas neste bloco. Quando um modelo tem um bom desempenho nos dados de treino, mas tem um desempenho fraco em dados novos e não experimentados, está a ocorrer um sobreajuste. Por outro lado, o subajuste ocorre quando o modelo é demasiado simples e não consegue reconhecer os padrões treinados.

4.2 TÉCNICAS DE CLASSIFICAÇÃO DE APRENDIZAGEM AUTOMÁTICA

As técnicas de aprendizagem automática aprendem os dados diretamente sem o seu modelo de equação. Estas técnicas são principalmente classificadas como aprendizagem supervisionada e não supervisionada. O sistema constrói um modelo utilizando dados rotulados para interpretar os conjuntos de dados e aprender sobre cada um deles. Após a formação e o processamento, o modelo é testado utilizando um conjunto de dados de teste para determinar se prevê com exatidão o resultado pretendido ou não. Na aprendizagem supervisionada, o mapeamento dos dados de entrada e de saída é o principal objetivo. A aprendizagem não supervisionada é um tipo de aprendizagem em que uma máquina aprende sem qualquer intervenção humana. A máquina é treinada utilizando um conjunto de dados não rotulados, não classificados ou não categorizados, e o algoritmo deve responder de forma independente a esses dados. O objetivo da aprendizagem não supervisionada é reorganizar os dados de entrada em novas caraterísticas ou numa coleção de objectos com padrões relacionados. São utilizados os métodos de aprendizagem automática supervisionada Support Vetor Machine (SVM), Random Forest e Naive Bayes para a deteção de falhas e a classificação do modelo proposto.

4.2.1 Técnica de aprendizagem por máquina de vectores de suporte

A máquina de vectores de suporte é um dos métodos mais poderosos utilizados para regressão e classificação. Uma das caraterísticas mais proeminentes da SVM é o facto de poder captar funções de decisão ou respostas complexas, mesmo com muito poucos pontos de amostragem. Trata-se de uma ilustração hiperplana de várias classes num espaço multidimensional. O SVM gera o hiperplano de forma incremental para evitar os erros. O objetivo fundamental do SVM é classificar os conjuntos de dados de modo a determinar o hiperplano marginal máximo. Os vectores de apoio são os pontos de dados que estão mais próximos dos hiperplanos, como se mostra na Figura 4.2. Estes pontos de dados serão utilizados para definir as linhas de separação. A margem no hiperplano é a separação entre duas linhas nos pontos de dados mais próximos de classes distintas. Pode ser descrita como a separação entre a linha e os vectores de apoio, medida perpendicularmente. Uma margem grande indica uma melhor classificação.

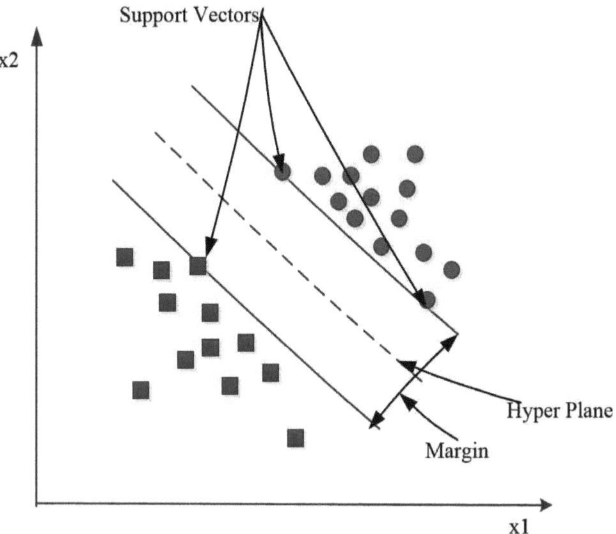

Figura 4.2 Método de Aprendizagem por Máquina de Vectores de Suporte Linear

O algoritmo SVM constrói uma função de decisão linear óptima para separar cada conjunto de pontos de treino [78]. Esta função de decisão óptima é expressa na Equação 4.2.

$$y(x) = w^T \varphi(x) + b \tag{4.2}$$

em que w é o vetor dos coeficientes do hiperplano, x é o vetor das variáveis de entrada e b é o enviesamento. O hiperplano de margem máxima deve ser selecionado para reduzir os erros de classificação. $y(x) = \pm 1$ separam os dados em classes num sistema linear. Enquanto o kernel é utilizado para implementar o algoritmo SVM, que altera o espaço de dados de entrada para o formato desejado. O kernel transforma problemas que não podem ser separados em formas separáveis, dando-lhes dimensões extra. Função de kernel

utiliza o espaço de caraterísticas de baixa dimensão convertido em espaço de caraterísticas de alta dimensão para evitar classificações incorrectas para conjuntos de dados não lineares, como indicado na Equação 4.3.

$$min_{w,b} \frac{1}{2} \|w\|^2 ;$$

$$\text{s.t. } y_i((w^T \varphi(x_i)) + b) \geq 1, \quad i = 1,2,3.......,n \tag{4.3}$$

Para uma regressão alargada ou uma separação não perfeita, adicionar uma penalização por cada erro de classificação para cada ponto de dados representado por β variável de folga, como indicado na Equação 4.4. Em qualquer classificação incorrecta $\beta > C = 0$ indica uma fronteira menos complexa. Se C for elevado, então mesmo pequenas β seriam classificações incorrectas elevadas.

$$min_{w,b,\{\beta_n\}} \frac{1}{2} \|w\|^2 + \sum_{i=1}^{n} \beta_i$$

$$\text{s.t. } y_i[(w^T \varphi(x_i)) + b] \geq 1 - \beta_i \text{ , i = } 1,2,\ldots n \quad (4.4)$$

O problema é que a transformação dos multiplicadores de Lagrange demora muito tempo a ser executada. Para um grande conjunto de dados com, o problema dual de Wolfe para calcular o produto escalar de $x_i . x_j$ como mostra a Equação 4.5.

$$\max_{\alpha} \sum_{i=1}^{n} \alpha_i - \frac{1}{2} \sum_{i=1}^{n} \sum_{i=1}^{n} \alpha_i \alpha_j y_i y_j x_i . x_j$$

$$\text{s.t. } 0 \leq \alpha_i \leq C, \ i = 1\ldots. n, \sum_{i=1}^{n} a_i y_i = 0 \quad (4.5)$$

São utilizados vários tipos de funções de truques de kernel para separar os pontos de dados com precisão.

- A função Kernel linear é definida como:

$$K(x_i, x_j) = x_i \cdot x_j \quad (4.6)$$

A Equação 4.7 representa o kernel linear SVM substituindo a Equação 4.6 na Equação 4.5.

$$\max_{\alpha} \sum_{i=1}^{n} \alpha_i - \frac{1}{2} \sum_{i=1}^{n} \sum_{i=1}^{n} \alpha_i \alpha_j y_i y_j K(x_i . x_j)$$

$$\text{s.t. } \alpha_I \geq 0, \ i = 1\ldots. n, \sum_{i=1}^{n} a_i y_i = 0 \quad (4.7)$$

- A função de núcleo polinomial é definida na Equação 4.8 como uma forma de espaço de entrada não linear

$$K(x_i, x_j) = (c + x_i \cdot x_j)^d \quad (4.8)$$

Onde c é a constante e d é o grau do polinómio que determinará manualmente o processo de aprendizagem

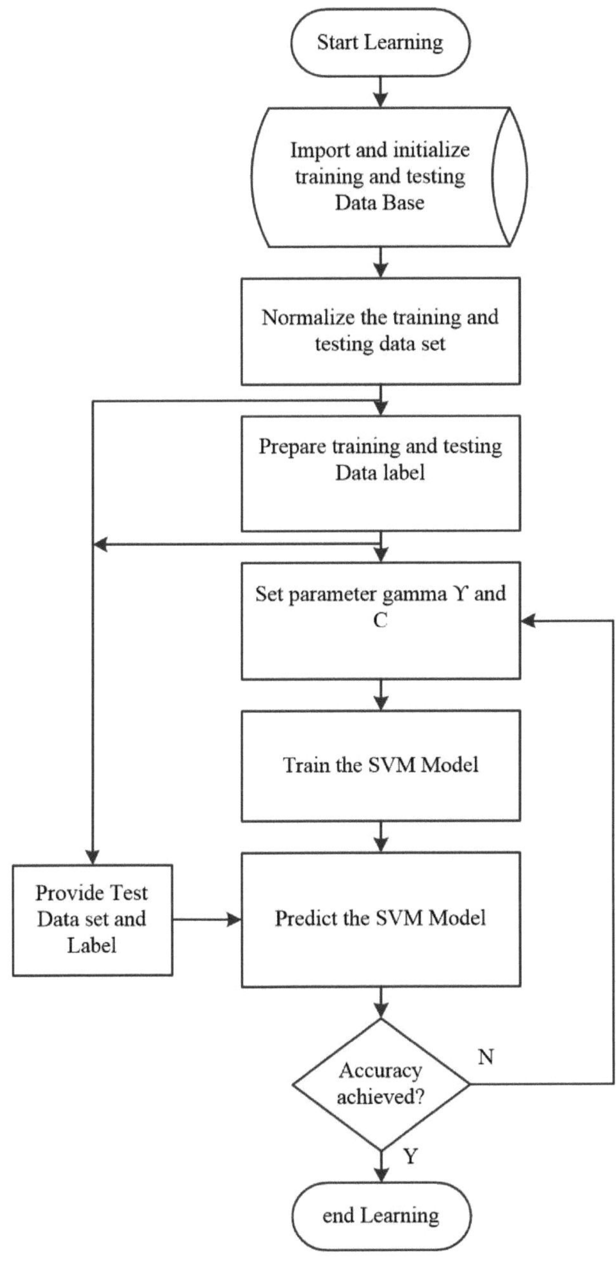

Figura 4.3 Fluxograma do algoritmo da máquina de vectores de suporte

O núcleo RBF (Radial Basis Function) é também conhecido como núcleo Gaussiano. O limite de decisão resultante do kernel RBF será mais complexo. A equação do núcleo RBF tem o parâmetro ϒ, como se mostra na Equação 4.9. O modelo comportar-se-á como um SVM linear a valores baixos de ϒ. Um valor elevado de ϒ terá um impacto significativo no modelo. A gama de gamma(ϒ) está compreendida entre 0 e 1. O valor por defeito de ϒ é 0,1.

$$K(x_i, x_j) = \exp(\gamma \|x_i - x_j\|^2) \tag{4.9}$$

A exatidão do núcleo SVM é obtida a partir da Equação 4.10.

$$\%\,Accuracy = \frac{Accurate\ classified\ samples}{Total\ no\ of\ samples}\ x\ 100 \tag{4.10}$$

A figura 4.3 representa o fluxograma de implementação das técnicas SVM de kernel linear e de kernel RBF não linear. O fluxograma representa o fluxo do programa python utilizado no trabalho de investigação para detetar e classificar as avarias utilizando o classificador SVM de kernel linear e RBF. Uma vez concluído o pré-processamento do conjunto de dados de treino e de teste. O passo seguinte foi rotular o conjunto de dados de treino e de teste e aplicar a respectiva função de kernel SVM para treinar o modelo.

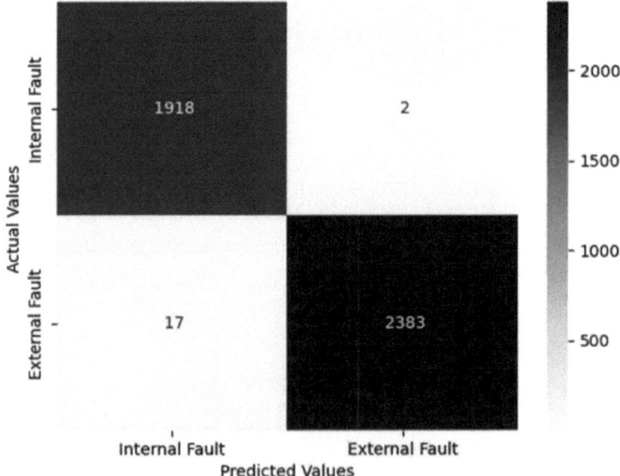

Figura 4.4 Matriz de confusão da classificação de defeitos na linha dentro da zona e fora da zona utilizando SVM

A Figura 4.4 representa a matriz de confusão da deteção de avarias na zona e fora da zona e a precisão da classificação dos conjuntos de dados de teste que não faziam parte dos conjuntos de dados treinados. Verifica-se que a precisão obtida com a aplicação do SVM para a classificação das avarias é mais elevada no caso das avarias dentro da zona, ou seja, 99,89%. Além disso, a eficácia do algoritmo proposto é máxima para o defeito L-G, que ocorre maioritariamente no sistema elétrico. Além disso, a precisão da classificação de defeitos do algoritmo SVM proposto é de 99,29% no caso de defeitos fora da zona. Isto indica a maior segurança para rejeitar todos os transientes do sistema elétrico que ocorrem fora da linha a proteger. A função de núcleo RBF (não linear) proporciona uma melhor precisão em comparação com o núcleo linear no algoritmo SVM.

4.2.2 Técnica de aprendizagem automática Random Forest

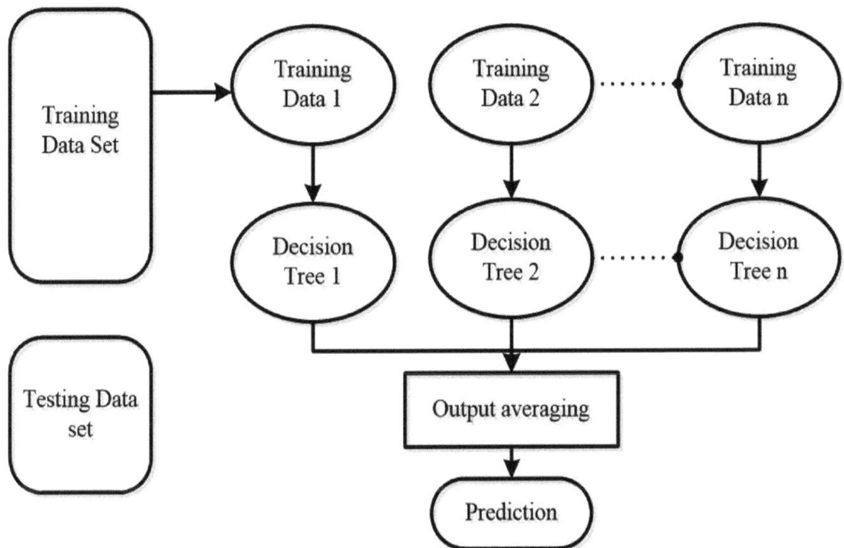

Figura 4.5. Diagrama de blocos da classificação Random Forest

As operações de regressão e classificação podem ser geridas pelo Random Forest. É capaz de processar grandes conjuntos de dados com grandes variáveis. Em vez de depender apenas de uma árvore de decisão, a floresta aleatória utiliza as previsões de cada árvore e, com base nas previsões da maioria das árvores de decisão, obtém o resultado final. A floresta aleatória é um classificador que consiste num número de árvores de decisão em vários subconjuntos dos conjuntos de dados fornecidos e utiliza a média para aumentar o nível de precisão desses conjuntos de dados. A floresta aleatória obtém uma melhor precisão com uma grande população de árvores. Optimiza a precisão do modelo e evita o problema do sobreajuste.

Os dados de entrada da classificação da floresta aleatória são obtidos a partir de diferentes clusters do conjunto de dados de treino, como se mostra na Figura 4.5. Os resultados dos diferentes preditores de árvores de decisão são combinados e utilizados para prever a classificação e a deteção de falhas neste método. Para validar a exatidão do algoritmo de floresta aleatória, são utilizados conjuntos de dados de teste. Esta técnica utiliza apenas informação estática dos dados do processo. Esta limitação deve-se à utilização de variáveis diretas medidas no nó [75]. A floresta aleatória demora muito menos tempo a treinar o conjunto de dados do que outros algoritmos de aprendizagem automática. Estima os resultados com elevada exatidão, mesmo para conjuntos de dados maiores. A floresta aleatória também funciona bem quando uma grande parte dos dados está em falta ou não tem um formato correto.

4.2.2.1 Etapas do algoritmo Random Forest

1. Etapa de pré-processamento de dados (normalização ou padronização).

2. Preparar o cluster de conjuntos de dados para o algoritmo da árvore de decisão.

3. Treinar o conjunto de dados utilizando o algoritmo de floresta aleatória (algoritmo de árvore de decisão de ajuste em cada conjunto de treino de cluster).

4. Estimar a exatidão

5. Testar a exatidão do resultado (criação de uma matriz de confusão)

6. Visualização e validação do resultado do conjunto de testes.

A exatidão do algoritmo da floresta aleatória foi verificada utilizando o software Weka (Waikato Environment for Knowledge Analysis), v3.8.6 para fontes de energia renováveis integradas na rede, como a fonte eólica, a fonte fotovoltaica e sem fonte fotovoltaica. O software Weka é uma ferramenta de software de código aberto GNU que permite o pré-processamento, a visualização e a classificação de dados utilizando muitos algoritmos de aprendizagem automática. Para construir o modelo de treino do classificador Random Forest são necessários 3,33 a 4,08 segundos.

4.2.3 Técnica Naive Bayes

A técnica de aprendizagem automática Naive Bayes é utilizada para a classificação multi-classe. A correlação entre as variáveis dependentes (alvo) e um número de variáveis independentes pode ser avaliada utilizando esta técnica estatística. Prevê a classe dos conjuntos de dados, mas esta técnica não pode aprender relações entre caraterísticas. Funciona com caraterísticas independentes.

A Regra de Bayes é utilizada para calcular a probabilidade de uma hipótese com informação prévia suficiente, como mostra a Equação 4.11. Baseia-se na probabilidade condicional.

$$P(B) = \frac{P(A)P(A)}{P(B)} \tag{4.11}$$

Em que, P(A|B) é a probabilidade da hipótese A sobre o acontecimento B observado, conhecida como probabilidade posterior, P(B|A) é a probabilidade da prova, dado que a probabilidade de uma hipótese é verdadeira, conhecida como probabilidade de probabilidade, P(A) é a probabilidade prévia (probabilidade da hipótese antes de observar a prova) e P(B) é a probabilidade marginal (probabilidade da prova).

Os algoritmos Random Forest (RF) e Naive Bayes (NB) foram implementados num conjunto de dados de um sistema fotovoltaico ligado à rede [77] e também em conjuntos de dados de simulação PSCAD de um sistema de 9 barramentos IEEE utilizando o software Weka. A comparação do desempenho de diferentes parâmetros para falhas do sistema FV ligado à rede e falhas de várias severidades MPPT foi simulada utilizando classificadores Random forest e Naive bayes. O algoritmo Random Forest classificou corretamente 10843 (99,16%) e o algoritmo Naive Bayes classificou 8369 (76,53%) de um total de 10935 casos de avarias em sistemas fotovoltaicos ligados à rede. No entanto, o classificador RF classificou corretamente 10673 (99,74%) e o classificador NB classificou corretamente 8144 (76,11%) de um total de 10701 casos de falhas em vários MPPT de sistemas fotovoltaicos ligados à rede.

4.3 RESUMO

As técnicas de aprendizagem automática SVM, RF e NB são utilizadas para detetar e classificar as falhas dos sistemas IEEE 9 BUS interligados com sistemas eólicos e fotovoltaicos. O software PSCAD foi utilizado para gerar conjuntos de dados com variações de vários parâmetros, tal como referido no Capítulo 3. Para além destes conjuntos de dados de sistemas eólicos e solares integrados, os algoritmos propostos foram verificados no conjunto de dados do artigo de referência [77]. A Tabela 4.1 representa a precisão média da classificação e deteção de falhas de diferentes técnicas de aprendizagem automática de redes eléctricas integradas fotovoltaicas utilizando o software Weka e a programação Python para falhas dentro da zona. Do mesmo modo, a precisão da proteção fora da zona pode ser alcançada utilizando algoritmos de aprendizagem automática.

Tabela 4.1 Método ML Precisão da classificação para defeitos na zona

Método de aprendizagem automática	% Precisão da deteção e classificação de falhas		
	Com PV ligado Falha do sistema IEEE 9 BUS Conjunto de dados	Com defeito na rede ligada à PV Conjunto de dados [77]	Conjunto de dados FV com variação de casos de falha MPPT [77]
SVM	99.89%	99.43%	99.34%
Naive Bayes	78.068%	76.53%	76.105%
Floresta aleatória	99.9%	99.15%	99.13%

CAPÍTULO-5

CLASSIFICAÇÃO DE FALHAS UTILIZANDO ABORDAGENS DE APRENDIZAGEM PROFUNDA

5.1 REDE NEURAL ARTIFICIAL (ANN)

As RNA são frequentemente utilizadas numa variedade de sectores, incluindo a classificação de defeitos em linhas de transmissão e distribuição. As RNA têm a capacidade de aprender automaticamente caraterísticas adequadas a partir dos dados brutos de entrada. Os sinais de defeito das linhas de transmissão apresentam frequentemente propriedades não lineares. As RNA podem lidar com dados de elevada dimensão, o que as torna adequadas para tarefas de classificação de defeitos. As RNAs são resistentes ao ruído, o que lhes permite aprender constantemente e melhorar as suas capacidades de classificação de defeitos. O cálculo mais rápido e a classificação de defeitos em tempo real são possíveis com as redes neuronais.

5.1.1 Funcionamento do Perceptron multicamada para classificação de falhas

Antes de aplicar a RNA, normalizar o conjunto de dados de treino e de teste por coluna utilizando a Equação 4.1 para evitar problemas de subajuste. Faz parte do pré-processamento do conjunto de dados, tal como referido no Capítulo 4.

O cérebro humano tem milhões de neurónios que realizam tarefas muito sensíveis.

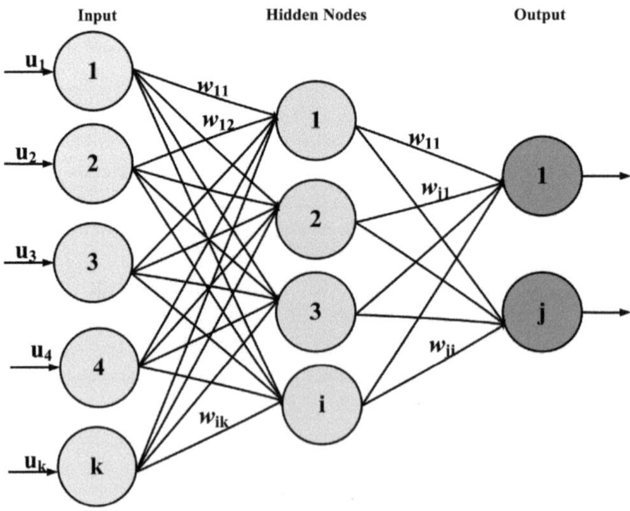

Figura 5.1 Topologia da rede neural de alimentação

Recebe sinais de diferentes partes do corpo e, utilizando o cérebro, gera naturalmente a ação adequada. A Rede Neuronal Artificial funciona de forma semelhante, mas é artificial por natureza. A RNA tem capacidade de processamento paralelo, mapeamento não linear, abordagem de aprendizagem em linha e fora de linha. Os neurónios são conhecidos como nós no sistema artificial. A RNA tem uma camada de entrada, uma camada oculta e uma camada de saída. O processo da RNA depende da topologia da rede, como a alimentação direta de uma ou várias camadas, como se mostra na Figura 5.1 [57], e da rede de realimentação (atualização ou aprendizagem dos pesos). As RNA classificam-se basicamente em três partes: aprendizagem supervisionada, aprendizagem não supervisionada e aprendizagem por reforço. Neste caso, é utilizado o método de aprendizagem supervisionada. A saída estimada foi comparada com a saída desejada. O sinal de erro é gerado como a diferença entre os valores previstos e os valores reais. Com base no sinal de erro, os pesos são modificados para minimizar o erro, de modo a que a saída desejada corresponda à saída calculada. O algoritmo RNA pode ser aplicado como rede neural de alimentação e de realimentação.

Neste caso, o método de retropropagação foi aplicado para a deteção e classificação de falhas. O algoritmo de retropropagação acaba por corrigir os pesos entre as diferentes camadas, de acordo com a diferença entre a saída pretendida e a saída calculada. Uma função de ativação torna possível a retropropagação, uma vez que o gradiente é passado com o erro para atualizar o peso e a polarização.

A função de ativação linear e a função de ativação não linear, como as funções de ativação Sigmoid, Tanh, ReLU e Softmax, são utilizadas para obter resultados precisos. A saída da camada oculta é

calculado a partir da função de ativação. O valor de ativação do nó ligado depende do

soma da polarização e da soma dos pesos de todas as entradas que lhe estão ligadas, como indicado na Equação 5.1.

$$u_j = f(\sum_{i=0}^{n} u_i w_{ji} + b_i) \qquad (5.1)$$

Onde, $\sum_{i=0}^{n} u_i w_{ji} = u_1 w_{j1} + u_2 w_{j2} + u_3 w_{j3} + \ldots\ldots + u_n w_{jn}$

Na prática normal, a função de ativação ReLU (Unidade Linear Rectificada) é preferida por ser menos computacional, mais rápida na operação e fácil de alcançar na saída desejada, mas para a classificação binária a função sigmoide é amplamente utilizada. A transformação não linear sigmoide é utilizada para detetar e classificar as avarias, como se mostra na Equação 5.4. A Equação 5.3 é calculada a partir da Equação 5.1 e da Equação 5.2.

$$Net_j = \sum_{i=0}^{n} u_i w_{ji} + b_i \qquad (5.2)$$

$$u_j = f(Net_j) = \frac{1}{1+e^{-Net_j}} = \frac{1}{1+e^{-(\sum_i^n u_i w_{ji} + b_i)}} \qquad (5.3)$$

Em que Net_j = Entrada líquida da camada j^{th} , b_j = Polarização da camada oculta u_j

O enviesamento é o grau de sensibilidade com que a camada oculta u_j responde à perturbação que recebe pela entrada da rede. A equação 5.3 representa o algoritmo de avanço da rede neural. O fator de erro é calculado tomando o quadrado das saídas reais subtraído da soma das saídas pretendidas [79], como se mostra na Equação 5.4 e na Equação 5.5.

O sinal de erro é dado como,

$$E_x = \frac{1}{2}\sum_k (t_{xk} - u_{xk})^2 = \frac{1}{2}\sum_k (t_{xk} - f_k(\mathrm{Net}_{xk}))^2 \quad (5.4)$$

$$E_x = \frac{1}{2}\sum_k (t_{xk} - f_k(\sum_j w_{kj}\, \mathrm{u_{xj}} + \mathrm{b_k}))^2 \quad (5.5)$$

Onde: E = Erro, x = Modelo, t_k = Objetivo, u_k = Saída

Para corrigir o peso para atingir a saída desejada, foi aplicada a regra delta de retropropagação. O coeficiente de erro na regra delta é calculado pela diferença entre a saída real e a saída prevista e também relacionando essa diferença com a derivada entre o estado de ativação da saída real e a entrada líquida dessa saída, como se mostra na Equação 5.6 e na Equação 5.7.

$$\frac{\partial u_j}{\partial Net_j} = u_j\,(1 - u_j) \quad (5.6)$$

$$\Delta \mathrm{out_j} = (\mathrm{t_j} - \mathrm{u_j})\frac{\partial u_j}{\partial Net_j} = (\mathrm{t_j} - \mathrm{u_j})u_j\,(1 - u_j) \quad (5.7)$$

Em que, t_j = produção-objetivo, u_j = produção efectiva, $u_j\,(1 - u_j)$ = derivada entre a saída efectiva e a entrada líquida da camada j^{th} como indicado na Equação 5.6. O coeficiente de erro do método de retropropagação é indicado na Equação 5.7.

A correção do peso é calculada utilizando a Equação 5.8 com a ajuda da Equação 5.6 e da Equação 5.7.

$$\Delta \mathrm{w_{ji}} = -\frac{\partial E_x}{\partial w_{ji}} \quad (5.8)$$

$$\frac{\partial Net_{xk}}{\partial w_{kj}} = \frac{\partial}{\partial w_{kj}}(\sum_j w_{kj}\, \mathrm{u_{xj}} + \mathrm{b_k}) = \mathrm{u_{xj}} \quad (5.9)$$

Substituindo a Equação 5.9 na Equação 5.10

$$\frac{\partial E_X}{\partial w_{kj}} = (t_{xk} - u_{xk})\, f_k'(Net_{xk})\mathrm{u_{xj}} \quad (5.10)$$

Substituindo as Equações 5.10 e 5.7 na Equação 5.8, então,

$$\Delta w_{ji} = r\, \Delta out_j\, u_j \quad (5.11)$$

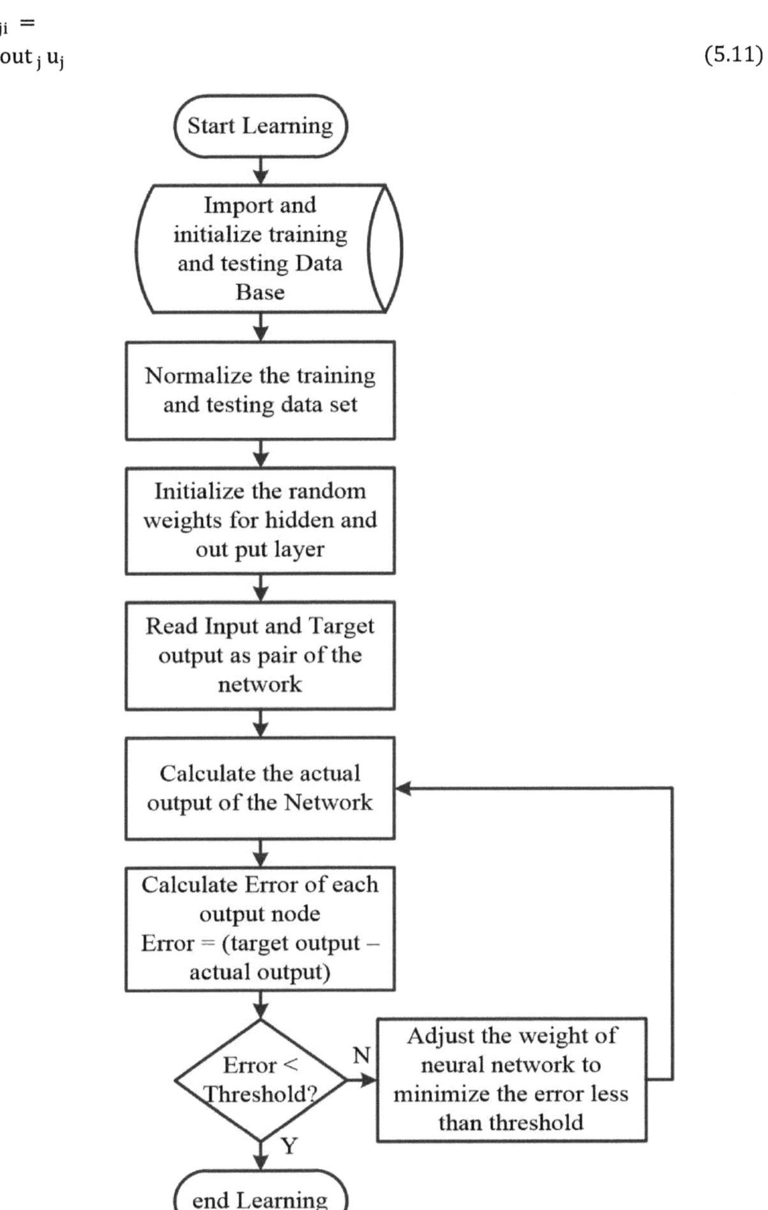

Figura 5.2 Fluxograma do modelo de treino da RNA BP

Quantidade de valor acrescentado ou subtraído do peso w_{ji} depende de Δout_j em relação ao estado de ativação da camada u_i, a ativação com que u_j está ligado ao peso w_{ji} e em relação ao coeficiente r, como mostra a Equação 5.11. O coeficiente Δw_{ji} pode ser negativo ou positivo. O valor pode ser adicionado ou subtraído ao valor anterior do peso w_{ji} como mostra a Equação 5.12.

$$w_{ji(n+1)} = w_{ji(n)} + \Delta w_{ji} \tag{5.12}$$

Na Equação 5.12, cada camada de peso que chega tem um valor real que é comparável a um valor ideal, tal como referido nos artigos [79,80]. A Figura 5.2 mostra o fluxograma do modelo de treino da RNA. Para treinar o modelo após o processo de normalização, inicializa-se um peso aleatório na camada oculta e actualiza-se o peso até se obter a saída pretendida. Nas camadas ocultas das redes multicamadas, as funções de transferência sigmoide são proeminentes. Como elas condensam um intervalo de entrada infinito em um intervalo de saída finito, essas funções são freqüentemente chamadas de funções de "esmagamento" (compressão). As inclinações das funções sigmóides devem diminuir à medida que o tamanho da entrada aumenta até que as inclinações cheguem a zero. Isto cria um problema quando se utiliza a descida mais íngreme para treinar uma rede multicamada com funções sigmóides, uma vez que o gradiente pode ter uma amplitude muito baixa e, consequentemente, produzir pequenas alterações nos pesos e nas polarizações, apesar de estarem longe dos seus valores óptimos. Para resolver estes problemas, são utilizadas diferentes combinações de funções de formação. O treino do conjunto de dados termina quando o valor ótimo é atingido, o erro é reduzido e inferior ao limiar, o número de épocas atinge o seu limite, o limite de tempo é ultrapassado, o desempenho é reduzido para o objetivo, o gradiente de desempenho é inferior ao grau mínimo. Depois de treinar o modelo, validar o conjunto de dados de teste e verificar a exatidão do algoritmo.

5.1.2 Resultados e discussão da técnica ANN

O modelo de retropropagação ANN é treinado utilizando as funções MATLAB e a codificação Python. A precisão da regressão da classificação de falhas com 6 camadas ocultas em diferentes funções de treino em MATLAB para sistemas PV integrados a 28°C de temperatura e 1200w/m^2 irradiância foram simulados. A função de treino depende de muitos factores, tais como a complexidade do problema, o número de pontos de dados no conjunto de treino, o número de pesos e de polarizações na rede, o número de camadas ocultas, o objetivo de erro e se a rede está a ser utilizada para regressão de reconhecimento de padrões. A precisão da identificação das várias falhas externas e internas com a função de treino de retropropagação aumenta com o aumento da camada oculta de 6 para 10. Com o aumento do número de camadas ocultas, o algoritmo aumenta a exatidão da classificação dos dados mas, simultaneamente, o tempo de convergência também aumenta e torna mais lento o processo de aprendizagem para atingir o objetivo. O sobretreino ou sobreajuste ocorre se o erro de validação aumentar na mesma época, a inclinação do erro de treino diminui[98]. Os estados de treino são uma coleção de gráficos criados a partir de conjuntos de dados treinados sobre a relação entre o gradiente, mu, e a indicação de falha de validação [99].

5.2 REDE NEURAL DE CONVOLUÇÃO (CNN)

· Convolution As redes neuronais são constituídas por muitas camadas de neurónios artificiais. As operações matemáticas denominadas "neurónios artificiais" calculam a soma ponderada de numerosos inputs e outputs com uma função de ativação. Na rede de convolução, cada camada gera muitas funções de ativação que são passadas para a camada seguinte. O tamanho espacial da caraterística convoluta é reduzido pela camada de pooling. Ao diminuir as dimensões, reduz-se a quantidade de potência de CPU necessária para processar os dados. Esta técnica produzirá melhores resultados do que a ANN. A tabela 5.1 apresenta a comparação entre as técnicas de rede neural ANN e CNN. Embora a técnica CNN tenha um melhor desempenho em conjuntos de dados de imagens, os investigadores também provaram que a CNN é eficiente noutros formatos de conjuntos de dados.

Tabela 5.1 Comparação das caraterísticas da RNA e da CNN

Caraterísticas	ANN	CNN
Tipos de dados	Dados tabulares, dados de texto	Dados de imagem, dados tabulares
Partilha de parâmetros	Não	Sim
Entrada de comprimento fixo	Sim	Sim
Desaparecimento e explosão de gradiente	Sim	Sim
Relação espacial	Não	Sim

A técnica da rede neural de convolução aplica a convolução aos conjuntos de dados de entrada. A camada de pooling é utilizada para reduzir a dimensão da matriz, tal como referido anteriormente. Para o efeito, aplica-se o agrupamento médio ou o agrupamento máximo. Aqui, no algoritmo proposto, é utilizado o pooling máximo, como mostra a figura 5.3. A saída desta camada vai para a camada totalmente ligada e aplica também uma função de ativação para atualizar os pesos da entrada. O processo completo do modelo de treino da CNN é apresentado na figura 5.3. A rede neural de convolução (CNN) é um tipo de rede neural artificial

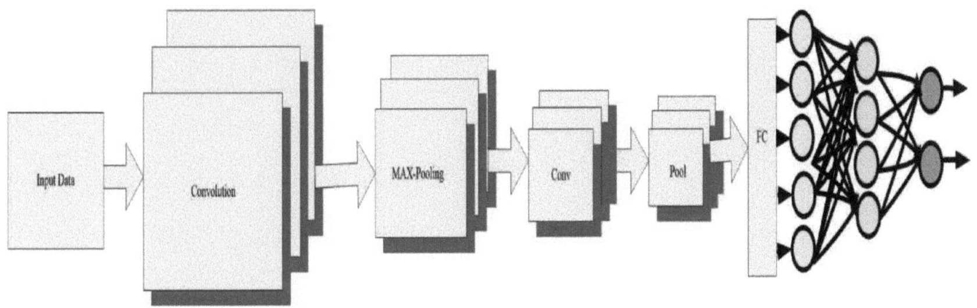

Figura 5.3 Modelo de treino da rede neural de convolução

Rede. Uma CNN é composta por camadas de convolução, camadas de agrupamento e camadas totalmente ligadas, como se mostra na Figura 5.3. Para o modelo proposto, são utilizados como camada de entrada conjuntos de dados brutos de tensões e correntes trifásicas de um ciclo na extremidade emissora e na extremidade recetora após uma falha. A camada de entrada é

ligados a camadas empilhadas de convolução. O principal objetivo das camadas convolucionais é extrair caraterísticas automaticamente dos dados de entrada [100-102]. Cada camada convolucional é normalizada usando Batch Normalization (BN) para reduzir a saturação do gradiente durante o seu deslocamento co-variado [100]. A função de ativação envolve uma transformação não linear da entrada. É uma lógica matemática entre a entrada, o neurónio atual e a saída. As camadas convolucionais utilizam a operação matemática de convolução, que é definida como o integral do produto das duas funções depois de uma ser invertida e deslocada. A camada totalmente ligada fornece informações agregadas e compostas de todas as camadas anteriores. A equação de convolução 1D é mencionada na Equação 5.13.

$$Cj = f\left(\sum_{i=1}^{N} (X_{ij} * W_i + b\right) \tag{5.13}$$

Entre cada camada de convolução, a camada de pooling é ligada para reduzir o número de parâmetros de entrada e ultrapassar o problema do sobreajuste. Nas redes neuronais normais, cada camada está ligada a todas as activações da camada anterior.

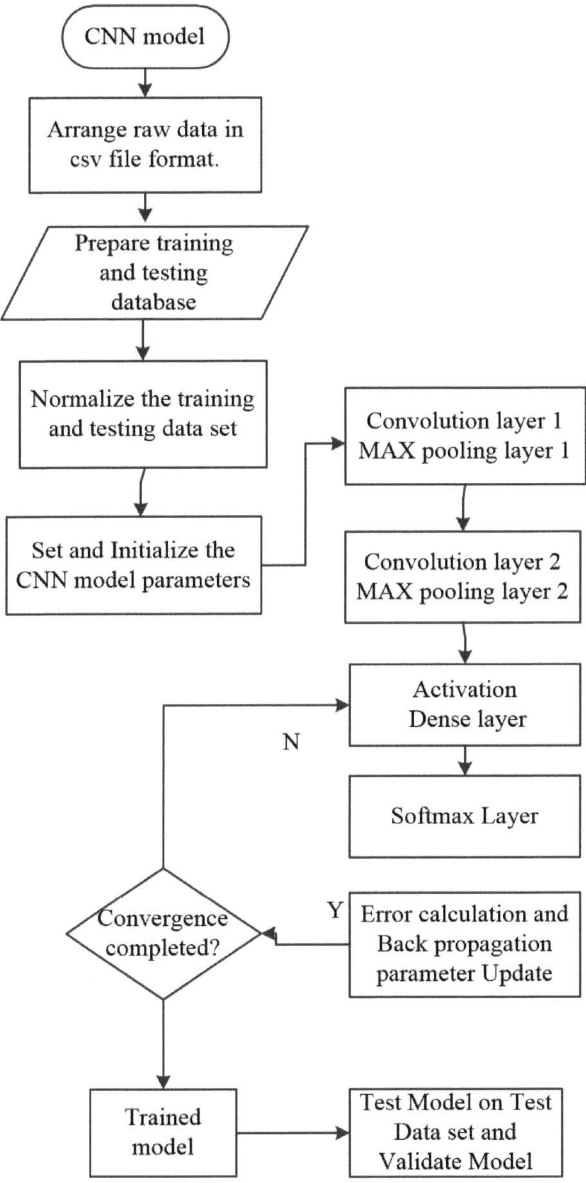

Figura 5.4. Fluxograma do modelo CNN proposto

A camada totalmente conectada analisa as caraterísticas extraídas pelas camadas convolucionais e classifica-as. A rede neural convolucional pega no valor máximo dentro do tamanho do filtro selecionado e envia-o para a camada seguinte, como indicado na Equação

5.14. Esta função de pooling máximo ajuda a extrair caraterísticas importantes da saída da convolução anterior para reduzir o problema de sobreajuste[98-99] e é utilizada para a invariante de localização. O agrupamento médio também pode ser utilizado em vez do agrupamento máximo.

$$MP_j = \max(C_J) \tag{5.14}$$

A figura 5.4 representa o fluxograma do modelo CNN proposto. O algoritmo CNN proposto foi implementado no Google Colaboratory. O Google colaboratory é um sistema de computação baseado na nuvem, no qual não é necessário descarregar nem instalar o hardware. Para implementar a técnica CNN, é necessária uma GPU devido à convolução da camada densa e à operação de pooling. A função de ativação RELU e soft-max é utilizada no algoritmo CNN proposto.

5.3 RESUMO

As técnicas de aprendizagem profunda são abordadas neste capítulo. Para avaliar a precisão do modelo proposto, são utilizadas a RNA e a CNN. Muita da literatura recente tem apoiado e provado que a CNN funciona melhor em comparação com outras técnicas de IA [100-102]. A precisão da classificação de avarias é mais elevada no modelo CNN com menos tempo de treino, bem como nas redes de camadas densas que podem extrair um maior número de caraterísticas de forma nítida. Esta técnica é mais adequada para conjuntos de dados de grande escala. Também funciona bem em conjuntos de dados de imagens.

CAPÍTULO - 6

RESUMO DO TRABALHO DE INVESTIGAÇÃO E ASPECTOS FUTUROS

6.1 RESUMO

As centrais de produção utilizam quantidades significativas de energia eólica e solar. A rede convencional, na presença de fontes de energia renováveis, encontra vários desafios. As turbinas eólicas convertem a energia eólica em energia eléctrica e as células solares convertem a energia solar em energia eléctrica. Ambas as fontes de energia renováveis são ligadas à rede utilizando tecnologias de conversão de CA para CC e de CC para CA (retificador-inversor).

A variação dos parâmetros do vento afecta significativamente os problemas de medição da distância na proteção das linhas de transmissão. A flutuação da velocidade do vento provoca a variação do nível de tensão ligado à rede eléctrica, o que leva à alteração da impedância medida pelos relés de proteção. O impacto de um curto-circuito trifásico na linha de transmissão ligada ao DFIG é mais crítico do que um defeito da linha à terra. Os parques eólicos são instáveis durante as perturbações dinâmicas da tensão, o que se deve ao gerador de indução. Quando ocorre um defeito ou a tensão desce, a potência de entrada do gerador eólico na rede é reduzida e o gerador começa a acelerar. Se a aceleração for mais rápida do que a tensão de recuperação, a velocidade do rotor aumenta e absorve mais potência reactiva. Se a velocidade exceder o limite definido, a unidade é retirada do sistema. Uma alteração na impedância de sequência positiva e zero conduz a problemas de sobrealcance e subalcance na estratégia de proteção. A resistência ao defeito, a variação do ângulo de carga, os parâmetros de localização do defeito, etc., são igualmente afectados pelo desempenho do relé de proteção no sistema eólico.

A energia solar fotovoltaica (PV) é uma fonte de energia desejável que promete segurança energética e outras vantagens ambientais. No entanto, devido às dificuldades de integrar completamente a energia solar fotovoltaica numa rede de distribuição radial convencional, estas vantagens não podem ser totalmente alcançadas.

Nesta tese, foram desenvolvidos e simulados sistemas IEEE-9 BUS ligados a fontes de energia renováveis, com maior incidência no sistema fotovoltaico, utilizando a ferramenta de software EMTDC/PSCAD. A investigação do efeito da adição de energia solar e eólica na deteção e classificação de falhas foi apresentada na tese.

Os esquemas de discriminação de defeitos internos e externos baseados em ML e DL foram testados na presença de sistemas de geração eólica e solar. Os sinais de tensão e corrente trifásicos são objeto de amostragem durante um ciclo completo de duração das falhas internas/externas posteriores. Os dados amostrados são dados como entrada aos algoritmos ML e DL para treino e o modelo treinado é utilizado para efeitos de teste. A viabilidade do esquema proposto foi testada em 16320 casos de teste, com condições variáveis de falhas internas e externas. O esquema proposto fornece mais de 98% de precisão de discriminação no caso da técnica ANN com 10 camadas ocultas utilizando as ferramentas de desenvolvimento MATLAB e Python. Por outro lado, a técnica SVM fornece mais de 99% de exatidão com menos tempo de convergência em comparação com o método ANN. O método CNN fornece uma precisão de 99,9% devido à convolução dos conjuntos de dados de entrada com menos tempo de formação em comparação com a ANN e a SVM. Ambos os métodos ML e DL são muito simples, rápidos e exactos para classificar facilmente as avarias.

As observações finais que se seguem são tiradas após a execução da abordagem de aprendizagem automática mencionada para o mesmo conjunto de dados de teste.

1. Tanto os algoritmos ML como DL são paramétricos. No DL, os parâmetros incluem o número de camadas ocultas, a taxa de aprendizagem, a função de ativação, o número de iterações e o erro de limiar, enquanto no ML, especificamente no SVM, os parâmetros incluem a função de kernel gama e o parâmetro de margem C.

2. Todos os algoritmos podem funcionar para funções lineares e não lineares.

3. As abordagens de classificação ANN, CNN e SVM dão uma precisão e fiabilidade comparáveis, dependendo da formação.

4. Os algoritmos baseados em RNA e CNN implicam um procedimento de tentativa e erro para determinar o número de camadas, neurónios e funções de ativação, o que torna o processo global de conceção fastidioso e complexo. São também designados por abordagens baseadas na aprendizagem.

5. Os sistemas de energia eléctrica podem sofrer perturbações ou interrupções a qualquer momento devido à natureza intermitente das fontes de energia renováveis. A aprendizagem profunda é capaz de incorporar alterações dinâmicas do sistema.

6. O SVM pode funcionar bem tanto com pequenos conjuntos de dados de treino como com grandes conjuntos de dados, porque a condição de limite de margem máxima decidirá a exatidão. Pelo contrário, no caso da DL, se não for fornecido à rede um conjunto de dados grande ou suficiente, a classificação pode ser extremamente fraca.

7. O algoritmo de treino é muito rápido na SVM e na CNN em comparação com a RNA. O processo de formação da RNA é bastante complexo para problemas de elevada dimensão. A RNA oferece uma convergência lenta no algoritmo BP. A convergência depende da seleção do valor inicial das restrições de peso.

8. Na DL, a aleatorização inicial coloca a rede neural perto do mínimo local da função de otimização, enquanto que, independentemente da condição inicial, a SVM converge para mínimos globais.

9. Também verificámos o algoritmo proposto no conjunto de dados do artigo de investigação [77]. O conjunto de dados mostra uma exatidão superior a 99,5% utilizando o SVM e uma exatidão de 100% utilizando o algoritmo CNN.

10. O mesmo conjunto de dados foi verificado com o algoritmo Random Forest e Naive Bayes utilizando o software Weka. O RF dá uma exatidão superior a 99%.

6.2 ÂMBITO FUTURO

O trabalho de investigação pode ser alargado para analisar os seguintes pontos e também implementar as técnicas propostas de deteção e classificação de avarias, tendo em conta o seguinte: ·

1. Variação da produção de eletricidade por fontes de energia solar e eólica.
2. Efeitos dos sistemas de proteção propostos em redes em malha com outros tipos de DER.
3. Localização óptima da energia solar fotovoltaica
4. Desafios do isolamento e da proteção de microrredes.
5. Condição de oscilação de potência.
6. Compensação série e shunt em sistemas FER ligados à rede.

REFERÊNCIAS

[1] "Relatório Anual 2021-22", Ministério das Energias Novas e Renováveis (MNRE).

[2] V. Telukunta, J. Pradhan, et al., "Protection Challenges Under Bulk Penetration of Renewable Energy Resources in Power Systems: A Review", *CSEE Journal of Power and Energy Systems*, Vol. 3, Issue. 4, pp. 365-379, 2017.

[3] S. Karpe e M. Kalgunde, "Proteção de backup do sistema de energia em Smart Grid usando PMU sincronizado", *Conferência Internacional sobre Processamento de Sinal, Comunicação, Energia e Sistema Embarcado (SCOPES)*, pp. 1139-1144, 2015. doi: 10.1109 / SCOPES.2016.7955619.

[4] U. Shahzad, S. Kahrobaee e S. Asgarpoor, "Protection of Distributed Generation: Challenges and Solutions", *Energy and Power Engineering*, 9, 2017, pp. 614-653, 2017.

[5] Puladasu, S., Malaji, S., & Sarvesh, B., "Protection issues of Power Systems with PV Systems Based Distributed Generation", *IOSR Journal of Electrical and Electronics Engineering*,Vol. 9, Issue 3, PP 18-27, 2014.

[6] T S S Senarathna e K T M Udayanga Hemapala, Revisão dos métodos de proteção adaptativa para microrredes, AIMS Energy, 7(5): 557-578, 2019.

[7] U. J. Patel, N. G. Chothani, e P. J. Bhatt, "Distance Relaying with Power Swing Detection based on Voltage and Reactive Power Sensitivity", *International Journal of Emerging Electric Power Systems (SJR: 0.186)*, vol. 17, no. 1, pp. 27 - 38, 2016.

[8] Pepermans, G., Driesen, J., Haeseldonckx, D., Belmans, R. e D'haeseleer, W. (2005) Distributed Generation: Definition, Benefits and Issues. Energy Policy, 33, 787-798. https://doi.org/10.1016/j.enpol.2003.10.004

[9] Coster, E.J. (2010) Distribution Grid Operation Including Distributed Generation, Universidade de Tecnologia de Eindhoven, Países Baixos.

[10] "Black System South Australia 28 Septembe r 2016 - Final Report", Australian Energy Market Operator, março de 2017.

[11] "1,200 MW Fault Induced Solar Photovoltaic Resource Interruption Disturbance Report", North American Electric Reliability corporation, ver-1, 2017.

[12] Pazoki, Mohammad & Yadav, Anamika & Abdelaziz, Almoataz. (2019). Métodos de reconhecimento de padrões para a tomada de decisões na proteção de linhas de transmissão. https://doi.org/10.1016/B978-0-12-816445-7.00017-7

[13] Katyara, S.; Staszewski, L.; Leonowicz, Z. Coordenação de proteção de gerações distribuídas adequadamente dimensionadas e colocadas - métodos, aplicações e escopo futuro. Preprints 2018, 2018090439 vol. 11, p. 2672, doi: 10.20944/preprints201809.0439.v1.

[14] Telukunta, Vishnuvardhan & Pradhaan, Janmejaya & Agrawal, Anubha & Singh, Manohar & Srivani, S G. (2017). Desafios de proteção sob penetração em massa de recursos de energia renovável em sistemas de energia: A review. CSEE Journal of Power and Energy Systems. 3. 365-379. doi: 10.17775/CSEEJPES.2017.00030.

[15] L. Namangolwa e E. Begumisa, "Impacts of solar photovoltaic on the protection system of Distribution Networks", Departamento de Energia e Ambiente, 2016.

[16] H.Muda e P. Jena, (2017), "Sequence Current based adaptive protection approach for distribution networks with distributed generation", IET Generation, Transmission and Distribution, vol. 11, no. 1, pp. 154-165. https://doi.org/10.1049/iet-gtd.2016.0727.

[17] B.J. Brearley e R.R.Prabu, "A review on issues and approaches for microgrid protection", *Renewable and Sustainable Energy Reviews*, pp.988-997, 2017.

[18] Patel, Ujjaval & Chothani, Nilesh & Bhatt, Praghnesh. (2015), Distance Relaying with Power Swing Detection based on Voltage and Reactive Power Sensitivity. Jornal Internacional de Sistemas Emergentes de Energia Elétrica. 17. doi:10.1515/ijeeps-2015-0109.

[19] Zhang, B., Hao, Z. & Bo, Z. Novo desenvolvimento na proteção de relés para redes inteligentes. Prot Control Mod Power Syst 1, 14 (2016). https://doi.org/10.1186/s41601-016-0025-x.

[20] Lin, Hengwei & Guerrero, Josep & Vasquez, Juan C. & Liu, Chengxi. (2015). Proteção adaptativa à distância para microrredes.000725-000730. doi:10.1109/IECON.2015.7392185.

[21] U.J. Patel, N. Chothani, P. Bhatt e D. Tailor, (2019), "Emulação de esquema de religamento automático com controle adaptativo de tempo morto para proteção de linha de transmissão compensada em série", *Componente e sistemas de energia elétrica*, Taylor & Francis (SJR: 0.328), 2019. doi: 10.1080/15325008.2019.1575932.

[22] U.J.Patel, N. G. Chothani, e P. J. Bhatt, (2018), "Adaptive Quadrilateral Distance Relaying Scheme for Fault Impedance Compensation", *International Journal of Electrical Control and Communication Engineering*, Web of Science Indexed, Emerging Source Citation Index (ESCI), vol. 14, no. 1, pp. 58-70. doi: 10.2478/ecce-2018-0007.

[23] U. J. Patel, N. G. Chothani e P. J. Bhatt, (2018), "Classificador SVM auxiliado por espaço de sequência para deteção de perturbação em linha de transmissão compensada em série", *IET Science Measurement & Technology* (SJR: 0.352), 2018. https://doi.org/10.1049/iet-smt.2018.5196.

[24] U.J. Patel, N. Chothani, P. Bhatt, e D. Tailor, (2018), "Esquema de fecho automático com controlo adaptativo do tempo morto para linha de transmissão EHV", *IET Science Measurement & Technology* (SJR: 0.352), doi: 10.1049/iet-smt.2018.5163.

[25] Muhd hafizi Idris, saufi ahmad, A. Z. Abdullah, e S. Hardi, "Adaptive Mho type distance relaying scheme with fault resistance compensation", *IEEE 7th Int. Power Engineering*

and Optimization Conf. (PEOCO), Langkawi, 2013 pp. 213-217, doi: 10.1109/PEOCO.2013.6564545.

[26] Elshiekh K. Mohammedsaeed, Mohamed A. Abdelwahid e K. Jia, "Proteção à distância e localização de falhas das linhas de distribuição das centrais eléctricas fotovoltaicas", *The 14th IET International Conference on AC and DC Power transmission (ACDC 2018)*, 2018, pp.1-8, doi:10.1049/ joe.2018.8795

[27] Z. Zhang, T. Zheng, R. Xie e P. Zhang, "Protection for distribution network with photovoltaic integration", 2016 IEEE PES Asia-Pacific Power and Energy Engineering Conference (APPEEC), 2016, pp. 1822-1826, doi: 10.1109/APPEEC.2016.7779804.

[28] M. Sun, H. Wang e X. Zhu, "Fault Characteristics of Photovoltaic Power Station and Its Influence on Relay Protection of Transmission Line," 2016, pp. 63(5.)-63(5.), doi: 10.1049/cp.2016.0584.

[29] H. Mortazavi, H. Mehrjerdi, M. Saad, S. Lefebvre, D. Asber e L. Lenoir, "Application of distance relay for distribution system monitoring," 2015 IEEE Power & Energy Society General Meeting, 2015, pp. 1-5, doi: 10.1109/PESGM.2015.7285710.

[30] Lin, Hengwei & Liu, Chengxi & Guerrero, Josep & Vasquez, Juan C. (2015). Proteção à distância para microrredes no sistema de distribuição. 000731-000736. doi:10.1109/IECON.2015.7392186.

[31] Anilkumar, J. Shankar, e Y. Nagaraju, (2013), "Protection issues in microgrid", International Journal of Applied Control, Electrical and Electronics Engineering, Vol-1.

[32] Sudhakar, Puladasu & Malaji, Sushama & Sarvesh, Dr.B. (2014), Protection issues of Power Systems with PV Systems Based Distributed Generation, IOSR Journal of Electrical and Electronics Engineering. 9. 18-27. doi:10.9790/1676-09351827.

[33] Aushiq Ali Memon, Kimmo Kauhaniemi, A critical review of AC Microgrid protection issues and available solutions, Electric Power Systems Research, Volume 129, 2015, Pages 23-31, ISSN 0378-7796, https://doi.org/10.1016/j.epsr.2015.07.006.

[34] M. Singh, "Protection coordination in distribution systems with and without distributed energy resources- A review", Protection and Control of Modern Power Systems, pp. 1-17, 2017. https://doi.org/10.1186/s41601-017-0061-1.

[35] Alkaran, D.S., Vatani, M.R., Sanjari, M.J., Gharehpetian, G.B., & Yatim, A.H. (2015). Coordenação de relés de sobrecorrente em redes interconectadas usando método analítico preciso e com base na determinação do ponto crítico de falha. IEEE Transactions on Power Delivery, 30, 870-877, doi: 10.1109/TPWRD.2014.2330767.

[36] M.V. Tejeswini, I. Jacob Raglend, T. Yuvaraja, B.N. Radha, (2019), "An advanced protection coordination technique for solar in-feed distribution systems", Ain Shams Engineering Journal, Volume 10, Issue 2, Pages 379-388, ISSN 2090-4479, https://doi.org/10.1016/j.asej.2019.04.003.

[37] Ram Ola S, Saraswat A, Goyal SK, Jhajharia SK, Khan B, Mahela OP, Haes Alhelou H, Siano P. Um esquema de proteção para um sistema de energia com penetração de energia solar. *Applied Sciences*. 2020; 10(4):1516. https://doi.org/10.3390/app10041516

[38] Alsafasfeh Q, Saraereh OA, Khan I, Kim S., "LS-Solar-PV System Impact on Line Protection. *Eletrónica*. 2019; 8(2):226. https://doi.org/10.3390/-electronics8020226

[39] Chandraratne, Chathu & Ramasamy, Thaiyal & Logenthiran, Thillainathan & Panda, Gayadhar. (2020). Proteção adaptativa para microrredes com recursos energéticos distribuídos. Eletrónica. 9. 1959. doi:10.3390/electronics9111959.

[40] Lei, Lai & Wang, Cong & Gao, Jie & Zhao, Jinjin & Wang, Xiaowei. (2019). Um método de proteção baseado em cosseno de recurso e esquema diferencial para microrrede. Problemas matemáticos em engenharia. 2019. 1-17. doi:10.1155/2019/7248072.

[41] A. Prasad , J.Belwin Edward , K.Ravi, *"A review on fault classification methodologies in power transmission systems Part-I"*, Journal of Electrical Systems and Information Technology,Volume 5, Issue 1, pg.48-60, 2018. doi:10.1016/j.jesit.2017.01.004

[42] Sahebkar Farkhani, J., Zareein, M., Najafi, A., Melicio, R., & Rodrigues, E. M. G. "The Power System and Microgrid Protection-A Review", *Applied Sciences*, 10(22), 8271, 2020.

[43] Bortolini M, Gamberi M, Graziani A, Manzini R, Pilati F. Análise do desempenho e da viabilidade de pequenas turbinas eólicas na União Europeia. Renew Energy. 2014;62:629-639. https://doi. org/10.1016/j.renene.2013.08.004.

[44] Aso R, Cheung WM. Towards greener horizontal-axis wind turbines: analysis of carbon emissions, energy and costs at the early design stage. J Clean Prod. 2015; 87:263-274. https://doi.org/10.1016/j.jclepro.2014.10.020.

[45] Wan Omar W-M-S, Doh J-H, Panuwatwanich K. Variações na energia incorporada e nas intensidades de emissão de carbono dos materiais de construção. Environ Impact Assess Rev. 2014;49:31-48. https://doi.org/10.1016/j.eiar.2014.06.003.

[46] Kumar V, Pandey AS, Sinha SK. Integração na rede e questões de qualidade da energia dos sistemas de energia eólica e solar: uma revisão. Trabalho apresentado em: 2016 Conferência Internacional sobre Tendências Emergentes em Eletrónica Elétrica e Sistemas de Energia Sustentável (ICETEESES). IEEE; 2016:71–80. https://doi.org/10.1109/ICETEESES.2016.7581355

[47] Khan BH. Non-Conventional Energy Resources. 2ª ed. Nova Deli: Tata McGraw-Hill Education Private Limited; 2006.

[48] Wagner H-J. Introdução aos sistemas de energia eólica. In: Cifarelli L, Wagner F, Wiersma DS, eds. EPJ Web Conf. França: EDP Sciences. Vol 54; 2013:01011. https://doi.org/10. 1051/epjconf/20135401011.

[49] E. Byon, L. Ntaimo, C. Singh, e Y. Ding, Wind Energy Facility Reliability and Maintenance. Berlim, Alemanha: Springer, 2014, pp. 639-672.

[50] Paul M. e Debnath S., "Fault detection and classification scheme for transmission lines connecting wind farms using single end impedance", IETE Journal of Research, páginas 1-13, 02 2021. doi: 10.1080/03772063.2021.1886601.

[51] Yongning Chi, Yanhua Liu, Wei-sheng Wang. Influência nos parques eólicos ligados à rede eléctrica. Power Technol 2007;31(3):77-81.

[52] Farhangi H., The path of the smart grid (O caminho da rede inteligente). IEEE Power Energy Mag 2010; 8 (1):18-28.

[53] Xi Fang, Satyajayant Misra, Guoliang Xue, Dejun Yang. Smart grid - a nova e melhorada rede eléctrica: um inquérito. IEEE Commun Surv Tutor 2012;14 (4):944-80.

[54] Gabinete de Fornecimento de Eletricidade e Fiabilidade Energética. Rede inteligente. Disponível ⟨http://www.oe.energy.gov/smartgrid.htm⟩ ; 2009.

[55] Saint B. Planeamento de sistemas de distribuição rural utilizando tecnologias Smart Grid. In: Conferência de energia eléctrica rural do IEEE, REPC '09, abril; 2009. p. B3-B3-8.

[56] Raza A., Benrabah A., Alquthami T., e Akmal M. "A review of fault diagnosing methods in power transmission systems", Applied Energy, volume 10, página 1312, 02 2020. doi:10.3390/ app10041312.

[57] Jamil M., Sharma S., and Singh R. Fault detection and classification in electrical power transmission systems using artificial neural networks . Springer Plus, volume 4:página 334, 07 2015. doi: 10.1186/s40064-015-1080-x.

[58] Pavlatos C., Vita V., Dimopoulos A.C., e Ekonomou L. Deteção de falhas em linhas de transmissão utilizando reconhecimento de padrões sintácticos . Energy Systems, volume 10:páginas 299 320, 2019.

[59] Heo S. J. e Lee J. H. Deteção e classificação de falhas usando redes neurais artificiais . IFAC- Papers OnLine, volume 51:páginas 470 475, 2018.

[60] Koley E., Shukla S., Ghosh S., e Mohanta D. Esquema de proteção para linhas de transmissão de energia baseado em svm e ann considerando a presença de cargas não lineares. IET Generation, Transmission and Distribution, volume 11, 04 2017. doi:10.1049/ iet-gtd.2016.1802.

[61] Sen S, Ganguly S, Das A, Sen J, Dey S. Cenário das energias renováveis na Índia: oportunidades e desafios. J African Earth Sci. 2016;122:25-31. https://doi.org/10.1016/j.jafrearsci.2015.06.002.

[62] Blaschke T, Biberacher M, Gadocha S, Schardinger I. 'Energy landscapes': meeting energy demands and human aspirations. Biomass Bioenergy. 2013;55:3-16. doi:10.1016/ j.biom-bioe.2012.11.022.

[63] Sampaio PGV, González MOA. Energia solar fotovoltaica: enquadramento concetual. Renew Sustain Energy Rev. 2017; 74: 590-601. https://doi.org/10.1016/j.rser.2017.02.081.

[64] IEEE Standards Coordinating Committee 21 on Fuel Cells, Photovoltaics, Dispersed Generation, and Energy Storage, IEEE Recommended Practice for Utility Interface of Photovoltaic (PV) Systems, IEEE, 2000.

[65] B. Weller, C. Hemmerle, S. Jakubetz e S. Unnewehr, Photovoltaics: Technology, Architecture, Installation, Basel: Birkhäuser, 2012.

[66] N. M. Pearsall e R. Hill, "Photovoltaic Modules, Systems and Applications", em Clean Electricity from Photovoltaics, World Scientific, 2001, pp. 688-689.

[67] Ying-Yi Hong, Rolando A. Pula, Methods of photovoltaic fault detection and classification: A review, Energy Reports, Volume 8, 2022, Pages 5898-5929, ISSN 2352-4847, https://doi.org/10.1016/j.egyr.2022.04.043.

[68] Hossam A. Abd el-Ghany, Ahmed E. ELGebaly, Ibrahim B.M. Taha, Uma nova técnica de monitorização para a deteção e classificação de falhas em sistemas fotovoltaicos baseada na taxa de variação da trajetória tensão-corrente, International Journal of Electrical Power & Energy Systems, Volume 133, 2021, 107248, ISSN 0142-0615, https://doi.org/10.1016/j.ijepes.2021.107248.

[69] Bonsignore, Luca, Mehrdad Davarifar, Abdelhamid Rabhi, Giuseppe M. Tina, e Ahmed Elhajjaji, "Método de deteção de falhas neuro-fuzzy para sistemas fotovoltaicos." *Energy Procedia* 62 (2014): 431-441.

[70] Basnet, Barun & Chun, Hyunjun & Bang, junho. (2020). Um modelo inteligente de deteção de falhas para deteção de falhas em sistemas fotovoltaicos. Journal of Sensors. 2020. 1-11. 10.1155/2020/6960328.

[71] Gao, Wei & Wai, Rong-Jong. (2020). Um novo método de identificação de falhas para matriz fotovoltaica por meio de rede neural convolucional e unidade recorrente residual bloqueada. Acesso IEEE. PP. 1-1. 10.1109/ACCESS.2020.3020296.

[72] Chen, Zhi-Cong & Wu, Lijun & Cheng, Shuying & Lin, Peijie & Wu, Yue & Lin, Wencheng. (2017). Diagnóstico inteligente de falhas de matrizes fotovoltaicas com base em máquina de aprendizado extremo de kernel otimizado e caraterísticas IV. Applied Energy. 204. 10.1016/j.apenergy.2017.05.034.

[73] Ahmadipour M, Hizam H, Othman M, Radzi M, Chireh N. Uma identificação rápida de falhas em um sistema fotovoltaico conectado à rede usando entropia de espetro singular de multiresolução Wavelet e máquina de vetor de suporte. Energias 2019;12:1-18.

[74] Fazaia R, Abodayehb K, Mansouria M, Trabelsic M, Nounoua H, Nounoud M, et al. Hipótese de teste estatístico baseado em aprendizagem automática para deteção de falhas em sistemas fotovoltaicos. Sol Energy 2019;190:405-13.

[75] Dhibi K, Fezai R, Mansouri M, Trabelsi M, Kouadri A, Bouzara K, Nounou H, Nounou M. Técnica de floresta aleatória de kernel reduzido para deteção e classificação de falhas em sistemas fotovoltaicos ligados à rede. IEEE J Photo vol 2020;10:1864-71, doi: 10.1109/JPHOTOV.2020.3011068.

[76] R. Krishan, Y. R. Sood e B. Uday Kumar, "A simulação e o projeto para análise de sistemas fotovoltaicos com base no MATLAB," 2013 Conferência Internacional sobre Tecnologias de Eficiência Energética para a Sustentabilidade, 2013, pp. 647-651, doi: 10.1109/ICEETS.2013.6533460.

[77] Bakdi, Azzeddine; GUICHI, Amar; Mekhilef, Saad; Bounoua, Wahiba (2020), "GPVS-Faults: Experimental Data for fault scenarios in grid-connected PV systems under MPPT and IPPT modes", Mendeley Data, V1, doi: 10.17632/n76t439f65.1.

[78] M. Hajji et al., "Multivariate feature extraction based supervised machine learning for fault detection and diagnosis in photovoltaic systems," Eur. J. Control, 2020. doi:10.1016/j.ejcon.2020.03.004.

[79] Li, J., Cheng, J., Shi, J., & Huang, F. (2012), Brief Introduction of Back Propagation (BP) Neural Network Algorithm and Its Improvement, *Advances in Computer Science and Information Engineering, 553-558.* doi:10.1007/978-3-642-30223-7_87.

[80] Sreedhar R., Fernandez B., and Masada G. A neural network based adaptive fault detection scheme . Em Proceedings of 1995 American Control Conference - ACC 95 , volume 5, páginas 3259 3263. 1995. doi:10.1109/ACC.1995.532205.

[81] Adly, Ahmed R. e Abdel Aleem, Shady e Algabalawy, Mostafa e Jurado, Francisco e Ali, Ziad. "Um novo esquema de proteção para linhas de transmissão multiterminais baseado na transformada Wavelet". Pesquisa de Sistemas de Energia Elétrica. volume-183: páginas 106286, 06 2020. doi: 10.1016 / j.epsr.2020.106286.

[82] Adly A. R., Aleem S.H.E.A., Elsadd M., e Ali, Z. M. " Wavelet Packet Transform Applied to a Series-Compensated Line: A Novel Scheme for Fault Identification". Measurement, volume 151: página 107156, 2020.

[83] Adly, A. R., Ali Z., Elsadd M., Abdelmegeed H., e Abdel Aleem S. "An integrated scheme for a diretional relay in the presence of a series-compensated line". International Journal of Electrical Power & Energy Systems. Volume-120: páginas 1-17, 09 2020. doi: 10.1016 / j.ijepes.2020.106024.

[84] Ozcanli, A. K., Yaprakdal, F., & Baysal, M. (2020). *Métodos e aplicações de aprendizagem profunda para sistemas de energia elétrica: A comprehensive review. International Journal of Energy Research, 44(9), 7136-7157.* doi:10.1002/er.5331

[85] Yu JJQ, Hou Y, Lam AYS, Li VOK. Esquema inteligente de deteção de falhas para microrredes com redes neurais profundas baseadas em wavelets. IEEE Trans Smart Grid. 2017; 3053(c):1-10. https://doi. org/10.1109/TSG.2017.2776310. 121.

[86] Zhang S, Wang Y, Liu M, Bao Z. Previsão de falhas de disparo de linha baseada em dados em sistemas de energia usando redes LSTM e SVM. Acesso IEEE. 2017;6:7675-7686. https://doi.org/10.1109/ ACCESS.2017.2785763. 122.

[87] Wang L, Zhang Z, Long H, Xu J, Liu R. Identificação de falhas na caixa de velocidades de turbinas eólicas com redes neurais profundas. IEEE Trans Ind Inform. 2017;13(3):1360-1368. 123.

[88] Cheng F, Wang J, Qu L. Diagnóstico de falhas baseado na corrente do rotor para caixas de engrenagens do trem de acionamento da turbina eólica DFIG usando análise de frequência e um classificador profundo. IEEE Trans Ind Appl. 2018;54 (2):1062-1071. doi:10.1109/TIA.2017.2773426.

[89] Zheng Z, Yatao Y, Niu X, Dai H-N, Zhou Y. Redes neurais convolucionais amplas e profundas para deteção de roubo de eletricidade para proteger redes inteligentes. IEEE Trans Ind Inform. 2017;3203(c):1- 1615. https://doi.org/-10.1109/TII.2017.2785963.

[90] Malof JM, Collins LM, Bradbury K, Newell RG. Uma rede neural convolucional profunda e um classificador de floresta aleatória para deteção de matriz solar fotovoltaica em imagens aéreas. Int Conf Renew Energy Res Appl. 2016;5:5-9.

[91] Shen S, Sadoughi M, Chen X, Hong M, Hu C. Um método de aprendizagem profunda para a estimativa da capacidade online de baterias de iões de lítio. J Energy Storage. 2019;25:100817. https://doi.org/10.1016/j.est. 2019.100817.

[92] Mocanu E, Mocanu DC, Nguyen PH, et al. Otimização da energia de edifícios em linha utilizando a aprendizagem por reforço profundo. arXiv: 1707.05878, 2017:1-9.

[93] François-lavet V, Fonteneau R, Ernst D. Soluções de aprendizagem por reforço profundo para a gestão de micro-redes de energia. Trabalho apresentado em: Workshop Europeu sobre Aprendizagem por Reforço, 2016:1-7. 133.

[94] Mandic, D.P., Kanna, S., Xia, Y., Moniri, A., Junyent-Ferre, A., Constantinides, A.G.: Uma perspetiva analítica de dados da análise da rede eléctrica - parte 1: o Clarke e as transformações relacionadas [Lecture Notes]. IEEE Signal Process. Mag. 36(2), 110-116 (2019)

[95] Ma, Z., et al: O papel da análise de dados no desenvolvimento de redes inteligentes de energia. IEEE Netw. 31(5), 88-95 (2017).

[96] Chawla, G., Sachdev, M.S., Ramakrishna, G.: Aplicações de redes neurais artificiais para a proteção de sistemas de energia. In: Conferência Canadiana de Engenharia Eletrotécnica e de Computadores, 2005, Saskatoon, SK, Canadá, 2005, pp. 1954-1957 (2005).

[97] Aminifar, F., Abedini, M., Amraee, T., Jafarian, P., Samimi, M. H., & Shahidehpour, M. (2021). *Uma revisão da proteção do sistema de energia e gerenciamento de ativos com técnicas de aprendizado de máquina. Sistemas de energia.* doi:10.1007/s12667-021-00448-6

[98] Samantaray S., Dash P., and Panda G. Distance relaying for transmission line using support vetor machine and radial basis function neural network. International Journal of Electrical Power and Energy Systems, volume 29:páginas 551 556, 09 2007. doi:10.1016/j.ijepes.2007.01.007.

[99] Kumar, Kaushal. (2012). Extração de conhecimento a partir de redes neurais treinadas. Revista Internacional de Segurança da Informação e das Redes (IJINS). 1. 10.11591/ijins.v1i4.792.

[100] Rai, Praveen & Londhe, Narendra & Raj, Ritesh. (2020). Classificação de falhas na rede de distribuição do sistema de energia integrada com geradores distribuídos usando CNN. Pesquisa em Sistemas de Energia Elétrica. 192. 10.1016/j.epsr.2020.106914.

[101] A. Bhuyan, B. K. Panigrahi, K. Pal e S. Pati, "Convolutional Neural Network Based Fault Detection for Transmission Line," 2022 International Conference on Intelligent Controller and Computing for Smart Power (ICICCSP), 2022, pp. 1-4, doi: 10.1109/ICICICCSP53532.2022.9862446.

[102] Xinghua Wang, Peng Zhou, Xiangang Peng, Zelin Wu, Haoliang Yuan, Localização de falhas na linha de transmissão com base no modelo combinado CNN-LSTM de dupla extremidade, Energy Reports, Volume 8, Suplemento 5, 2022, Páginas 781-791, ISSN 2352-4847, https://doi.org/10.1016/j.egyr.2022.02.275.

APÊNDICE - A

DADOS DA LINHA DE TRANSMISSÃO DO SISTEMA DE BARRAMENTO IEEE- 9

Parâmetros da linha de sequência zero

De autocarro	Para o autocarr o	Compriment o (Km)	R0 (Ω/m)	XL0 (Ω/m)	XC0 (℧*m)
4	5	89.93	5.88E-04	1.25E-03	540.70
4	6	97.336	9.24E-04	1.25E-03	652.61
5	7	170.338	9.94E-04	1.25E-03	588.67
6	9	179.86	1.15E-03	1.25E-03	531.67
7	8	76.176	5.90E-04	1.25E-03	540.70
8	9	106.646	5.90E-04	1.25E-03	539.78

Parâmetros da linha de sequência positiva e negativa

De autocarr o	Para o autoc arro	Comprime nto (Km)	R1 (Ω/m)	XL1 (Ω/m)	XC1 (℧*m)
4	5	89.93	5.88E-05	4.18E-04	324.64
4	6	97.336	9.24E-05	4.18E-04	391.24
5	7	170.338	9.94E-05	4.18E-04	353.46
6	9	179.86	1.15E-04	4.18E-04	319.11
7	8	76.176	5.90E-05	4.18E-04	324.64
8	9	106.646	5.90E-05	4.18E-04	323.98

Printed by Books on Demand GmbH, Norderstedt / Germany